湖北省学术著作出版专项资金资助项目

湖北省“8·20”工程重点出版项目

武汉历史建筑与城市研究系列丛书

武汉理工大学出版社

Wuhan Modern Villa
&
Former Residence Building

武汉近代公馆·别墅·故居建筑

（第2版）

陈李波　徐宇甦　眭放步　编著

U0321503

武汉理工大学出版社

图书在版编目（CIP）数据

武汉近代公馆 · 别墅 · 故居建筑／陈李波，徐宇甦，眭放步编著．—2版．—武汉：武汉理工大学出版社，2018.3

ISBN 978-7-5629-5744-7

Ⅰ．①武… Ⅱ．①陈… ②徐… ③眭… Ⅲ．①建筑物－介绍－武汉－近代 Ⅳ．① TU-862

中国版本图书馆 CIP 数据核字（2018）第 041206 号

项目负责人：杨学忠
总责任编辑：杨　涛
责 任 编 辑：杨　涛
责 任 校 对：丁　冲
书 籍 设 计：杨　涛
出 版 发 行：武汉理工大学出版社
社　　　　址：武汉市洪山区珞狮路 122 号
邮　　　　编：430070
网　　　　址：http://www.wutp.com.cn
经　　　　销：各地新华书店
印　　　　刷：武汉精一佳印刷有限公司
开　　　　本：880×1230　1/16
印　　　　张：13
字　　　　数：292 千字
版　　　　次：2018 年 3 月第 2 版
印　　　　次：2018 年 3 月第 1 次印刷
定　　　　价：298.00 元（精装本）

序 言（一）

王凤竹

2016年5月

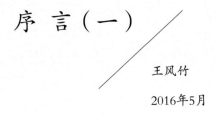

　　城市是在人类社会发展中形成的。在一个城市形成与发展的进程中，它遗留有丰富的文物古迹，形成了各具特色的 展脉络和文化特色的重要表征要素，其中近代建筑因其特殊的历史背景，在城市发展历程中被众多研究者所关注。一 有受到西方建筑文化的影响。鸦片战争以后，西方以武力强制打开了中国闭关锁国的大门，西方文化成为具有强势 展变化。

　　武汉是一座有着3500年建城历史的城市，中国历史上许多影响历史进程的重大事件发生在这里。在武汉众多的城 近代最重要的对外通商口岸之一，英国、德国、俄国、法国、日本等国相继在汉口设立租界，美国、意大利、比利时 埠的持续繁荣，近代建筑在武汉逐渐蔓延开来，并逐渐成为武汉建筑乃至城市风貌的有机组成内容，其中包括宗教、 近代建筑，经历了北伐战争、抗日战争、解放战争的洗礼，经历了现代大规模城市开发的吞噬，消失者甚众，但目前 国重点文物保护单位20处（其中，汉口近代建筑群、武汉大学早期建筑皆包括多处独立建筑）、湖北省省级文物保 中山大道历史文化街区，其中蕴含着大量近代建筑）（以上皆为2015年底的统计数据）。

　　武汉的近代建筑，是武汉重要的文化遗产，蕴含着丰富的历史文化信息，是近代武汉城市社会状况的重要物证， 旧址（湖北咨议局旧址）、辛亥首义发难处——工程营旧址、辛亥革命武昌起义纪念碑、辛亥首义烈士墓等，是辛 军事委员会旧址、八路军武汉办事处旧址、新四军军部旧址、国民政府第六战区受降堂旧址等，都是近代重要的历 武汉大学早期建筑群，是近代中西合璧建筑典型的代表，也是武汉大学校园作为中国最美大学校园的重要景观组 因而显得尤为珍贵。

　　从"武汉历史建筑与城市研究系列丛书"的写作计划及已完稿的书稿内容来看，该丛书主要针对武汉近代建 关阐述与分析深入而全面，可以作为展示与了解武汉近代建筑的重要读本。同时这套书还有一个作用，就是让更多 畴，审慎地对待、探讨科学保护与更新的途径，让承载丰富城市历史信息的近代建筑得以保存下来、延续下去。最

史街区，荟萃了不同历史时期的各类遗产，从而积淀了深厚的文化底蕴。在各类城市遗产中，历史建筑是体现城市发

言，中国近代建筑指近代形成的西式建筑或中西结合式建筑。鸦片战争以前，清政府采取闭关锁国政策，中国基本没

外来文化，不同形式的西式建筑陆续在中国出现，西方建筑文化开始对中国产生巨大影响，加快了中国近代建筑的发

之遗产中，近代建筑是其中丰富而独特的一部分。鸦片战争以后，中国开始了工业化，进入近代社会，汉口成为中国

美、荷兰、墨西哥、瑞典等国也相继在汉口设立领事馆（署），西式建筑文化开始大量传入武汉。其后，随着汉口商

办公、教育、医疗、住宅、旅馆、商业、娱乐、交通、体育、工业、市政、监狱、墓葬等众多的建筑类型。武汉的

仍然较大，仍然是中国近代建筑保有量最多的城市之一，许多重要建筑与代表性历史街区仍然保存完好，其中包括全

0余处、武汉市市级文物保护单位60余处、武汉市近代优秀历史建筑201处、第一批中国历史文化街区1处（江汉路及

作为中国历史文化名城的重要支撑。其中，部分建筑具有全国性的突出价值和影响力，如辛亥革命武昌起义军政府

重要遗址或纪念地；中共中央农民运动讲习所旧址及毛泽东故居、中共八七会议会址、中共五大会址、国民政府

汉口近代建筑群，是武汉近代建筑的重要代表，是武汉城市特色的重要构成，也是中国较为独特的城市景观之一；

上述这些近代建筑是武汉近代社会精神文化的物质载体，从一个侧面体现了中国近代社会中一座城市的变迁过程，

建筑类型，史料价值很高，所选案例比较具有代表性，技术图纸、现状照片能够反映武汉历史建筑的基本特征，相

者深入研究，进而间接提醒城市的管理者深入思考，将这些近代建筑与其共处的历史街区及环境纳入整体保护的范

该丛书以更为完美的结果，早日、全面地呈现给社会。

序 言（二）

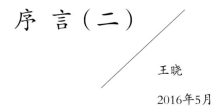

王晓

2016年5月

　　中国近代建筑，广义地指中国近代建设的所有建筑，狭义地指中国近代建设的、源于西方或受西方影响较大的
中国传统建筑体系的延续，二是西方建筑体系（主要包括西方传统建筑体系的延续及西方早期现代建筑体系，其中部
1~2层为主，所以在经历了近代多次战争及大多城市的现代野蛮再开发之后，在城市中已所剩无几。而属于西方近代
之间，西方式样的近代建筑，在中国长期被视为殖民主义的象征，特别是租界建筑，大多被视为耻辱的印记，人们的
类建筑的历史文化、科学技术与艺术价值也逐步得到社会的广泛重视，保护力度日益加强。

　　在当代中国城市中，近代建筑保有量与原租界面积大小密切相关。在近代中国，上海、天津、武汉、厦门、广州
相关，并据初步调查，中国目前存有近代建筑最多的城市，当属上海、天津、武汉。

　　1861年汉口开埠以后，英国、德国、俄国、法国、日本等国相继在汉口开辟租界，美国、意大利、比利时、丹麦
武汉快速发展。民国末期，近代建筑已经成为武汉城市风貌特色的重要组成部分。目前，武汉的近代建筑保有量及三
布在汉口沿江历史风貌区内；以武昌次多，主要分布在武昌昙华林历史街区及武汉大学校园内；其余零星分布于武汉
几乎涵盖了西方古代至近代的主要建筑风格，且不止于此，主要包括西方古典风格、巴洛克风格、折衷主义风格、古
期建筑群、湖北省图书馆旧址、翟雅阁健身所等，具有显著的中西合璧特点；如古德寺，完美地糅合了中西方与南业

　　武汉近代建筑，还包括大批各级文物保护单位及武汉优秀历史建筑，充分说明了武汉近代建筑具有独特的价值
市研究系列丛书"选择了其中最能反映武汉近代建筑特点的教育建筑、金融建筑、市政·公共服务建筑、领事馆建筑
等类型，以简明的文字、翔实的图纸与图片，展示了其中的典型案例。虽然其中仍然存在一些瑕疵，但作为相关建筑
点。

　　近20年来，武汉理工大学不断对武汉近代建筑进行测绘及研究，形成了大量相关成果，因此，此丛书不仅凝聚了
和房屋管理局及武汉市城乡建设委员会等政府部门的相关领导一直敦促与支持武汉理工大学深入进行武汉近代建筑的

一般情况下，多指后者。广义的中国近代建筑，可称为"中国近代的建筑"。这些建筑，主要属于两大体系：一是

糅合了中国传统建筑的某些特征）。属于中国传统建筑体系的近代建筑，由于采用了相对较易受损的木结构，且以

的中国近代建筑，由于结构相对不易受损，所以虽然损毁较多，但在部分城市中仍有较多遗存。约在1950—1990年

愿淡薄，甚至不愿意保护；约在2000年以后，随着历史建筑大量、快速的消失，以及国人文化视野的逐渐开阔，此

九江、杭州、苏州、重庆等城市曾设有不同国家的租界，其中依次以上海、天津、武汉、厦门的面积为大。与其

墨西哥、瑞典等国在汉口设立领事馆，外国许多银行、商行、公司、工厂、教会也逐渐在武汉落户，近代建筑在

在全国仍然位于三甲之列，仍然是武汉城市风貌特色的重要组成部分。武汉现存的近代建筑，以汉口最多，主要分

上述建筑，包括办公、金融、教育、医疗、宗教、居住、商业、娱乐、工业、仓储、体育等诸多类型。上述建筑，

现代建筑风格、中西糅合风格等等，可谓琳琅满目、丰富多彩。其中，许多建筑具有较强的独特性，如武汉大学早

格，即使在世界范围内也属较为独特的。

还包括一些暂时没被纳入文物保护单位或武汉优秀历史建筑目录的，也具有珍贵的保护价值。"武汉历史建筑与城

别墅·故居建筑、洋行·公司建筑、近代里分建筑、宗教建筑、公寓·娱乐·医疗建筑、饭店·宾馆·交通建筑

设计的参考，作为建筑爱好者的知识图本，仍然具有较为全面、较为丰富、技术性与通俗性结合、可读性较强的特

的心血，也凝聚着武汉理工大学相关师生的多年积累。近些年来，湖北省文物局、武汉市文化局、武汉市住房保障

社会各界对武汉近代建筑的关注也不断升温，因此，此丛书的出版也是对上述支持与关注的一种回应。

前 言

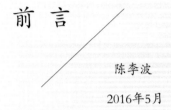

陈李波

2016年5月

作为中部的重要中心城市、国家历史文化名城，武汉在中国近代历史进程中有着举足轻重的地位：武汉三镇中的⋯⋯在中国近代史上，武汉的发展与各个时期的历史事件都有着十分紧密的联系。正是在这样的大环境下，形成了⋯⋯地进步，加之外来文化与地域文化因素的影响，武汉的近代居住建筑呈现出了丰富多样的建筑类型与艺术风格。本⋯⋯

本书以翔实的文字、丰富的实测线图、多视角的实景照片、独特的分析图相结合的表现形式，图文并茂地展现⋯⋯通过解析和归纳武汉近代公馆、别墅、故居类建筑自身艺术价值与人文历史价值，为广泛探讨如何更有效地保护和⋯⋯

本书依然秉承丛书系列的分析图则方式，对武汉近代公馆·别墅·故居建筑进行系统的分析、归纳、整理，结⋯⋯

（1）基于建筑平面图的分析图则，主要包括建筑环境"图与底"的分析，建筑构图分析、轴线分析、建筑功能⋯⋯

（2）基于建筑立面图的分析图则，主要包括体量分析、构图分析、设计手法元素分析等。

（3）基于建筑剖面图的分析图则，主要包括自然采光与通风、构造分析等。

（4）基于门窗建筑大样与节点构造的分析图则，主要包括细节处理分析、构图比例分析等。

需要提及的是，与本系列丛书其他著述不同，《武汉近代公馆·别墅·故居建筑》尝试去关注以下两个议题，即⋯⋯

（1）作为市民情感维系最为突出，也最为亲切的建筑类型——"家"而言，这些近代公馆、别墅与故居，如何⋯⋯

（2）对于建筑称谓中所出现的这些名人雅士的盛名，我们又如何将其与建筑自身的历史、文化和美学价值相整⋯⋯筑仅仅是因人而名，抑或是历史或文化的原因，对建筑价值的判断需要悬置居住者的含意，甚至需要剔除的话，我⋯⋯

最后补充说明一点，本书所遴选的公馆·别墅·故居建筑并未囊括所有类型，个别建筑的资料搜集由于种种原⋯⋯能言，而对于所提出的这两个议题，在本书中也仅仅给出了某种探索式的解答，不足之处恳请海内外专家批评指正。

是辛亥革命的爆发之地，汉口是近代长江流域重要的通商口岸，而汉阳则是近代工业重镇。

化、思想碰撞与交融的局面。与此同时，在居住建筑文化方面，人们对自身居住建筑的建筑技艺与审美意识也在不断

公馆、别墅、故居类建筑作为武汉近代居住建筑类型的代表进行研究探讨。

近代公馆、别墅、故居类建筑的发展背景、价值和艺术特征。同时本书的编写遵循真实性、历史性与地域性的原则，

近代历史建筑提供了一手资料。

资料梳理，对既有技术图纸进行图则分析。其主要内容为：

分析、建筑院落布局分析等。

居住者对这个城市、对所居住的建筑那份难以割舍、亦爱亦恨的恋地情结？

果建筑自身具有鲜明特色，且享有居住者之盛名，其建筑价值毋庸置疑，对其保护与传承也顺理成章。但倘若这些建

如何从建筑角度去对待它的保护与传承？

顺利进行，所以做了适当舍弃。另外，由于全书涉及内容以及年代跨度的复杂性，资料搜集采撷之艰辛非一般言辞所

目录

导言

导言 武汉近代公馆·别墅·故居建筑

武汉因其特殊的地理位置，具备成为中心城市的基础，再加上其在中国近代历史进程中扮演的重要角色，使之成为了近代中国多元文化、思想碰撞与交融最为活跃的城市之一。正是在这些地理、历史以及文化因素的影响下，武汉的近代居住建筑呈现出丰富的建筑类型以及多样的艺术风格，这些都给我们留下了一笔宝贵的城市文化遗产。本书选取的居住建筑类型的代表为公馆·别墅·故居建筑。

第一节 武汉近代公馆·别墅·故居建筑的发展历程

近代武汉自开埠以来，随着商业贸易的兴盛，文化艺术的交融与思想的碰撞也日益激烈。人们的生产生活意识不断改变的同时，对自身居住建筑营造的建筑技艺与审美意识也在不断地进步，在这种大背景下涌现出了许多优秀的丰富多样的居住建筑代表。根据武汉近代公馆·别墅·故居建筑的形成背景和发展历程，可大体将其划分为租界居住建筑、革命时期名人居住建筑、其他类型居住建筑三种类型（表0-1）。

表0-1　武汉近代公馆·别墅·故居建筑简况

分期	历史背景	年份	历史概要
租界居住建筑	1861年汉口开埠，随着国际贸易与文化交流的日益兴盛，来华的外国人逐渐增多，他们在武汉开办实业，兴建工厂，修建公馆、别墅等居住住宅。同时也参与和见证了中国近代历史的革命历程。	1902年	在汉口经营顺丰砖茶厂的近代俄国著名商人李凡诺夫在今汉口洞庭街88号修建了李凡诺夫公馆。
		1913年	鲁兹故居为美国传教士修建的私人住宅，在中国近代革命时期成为许多革命志士的住所。
革命时期名人居住建筑	20世纪末期，近代中国面临着中外民族矛盾和国内阶级矛盾的双重积压，大批仁人志士踏上了革命救国的道路。武汉在中国近代历史进程中扮演着重要的角色，与中国革命的联系十分紧密，因此保留下来的各个历史时期的革命纪念地、名人故居等历史遗产也十分丰富。	1900年	清末时期积极支持反清革命的仁人志士刘公的公馆修建于今武昌昙华林街32号，著名的"首义之旗"便创作于此。
		1928年	石瑛旧居由辛亥革命后时任中华民国临时大总统秘书的石瑛于1928建成，之后石瑛携全家居住于此，抗战时期也曾与许多共产党人在此协商国共合作抗日事宜。
		1926年	刘少奇故居位于武汉市汉口友益街尚德里2号，1926年刘少奇以中华全国总工会及湖北省总工会秘书长的身份在此领导工人运动。
		1926年（居住年份）	冯玉祥故居位于武昌千家街8号的大院内，当时这里是基督教英国循道会武昌福音堂教会人员的住宅，冯玉祥作为基督教循道会的著名教友来到这栋住宅楼居住。
		1926年（居住年份）	唐生智公馆位于今武汉市胜利街183号，该建筑建造于1903年。1926年唐生智入武汉不久，即于汉口旧俄租界中心繁华地段买下该处大宅为私人公馆，以供经年累月长途征战，鞍马劳顿后的休息。
		1927年	杨森公馆位于汉口惠济路39号，为中国近代国民党的高级将领杨森的私人住宅。为制止国共双方中原内战的《汉口协议》曾签订于此。

续表0-1

分期	历史背景	年份	历史概要
其他类型居住建筑	武汉作为中国中部地区中心城市，是国家的经济地理中心、重要的科教文化中心。在近代历史上曾经活跃着众多的著名爱国实业家、科教文化名人。他们建造或居住过的建筑如今也已成为了城市文化遗产重要的一部分。	1912年	詹天佑故居位于今汉口洞庭街51号，由他本人亲自设计监造。詹天佑任汉粤川铁路会办兼总工程师期间一直居住于此。
		1920年	周苍柏公馆由近代中国著名的爱国实业家周苍柏于1920年建成，建筑位于今汉口黄陂路5号，由汉昌济营造厂施工，设计者不详。
		1935年	钱基博为我国著名的古文学家、国学教育家，毕生奉献给教育事业，晚年居住于武昌华中大学的教授公寓，即今湖北美术学院校园内的"朴园"。

第二节 武汉近代公馆·别墅·故居建筑特征

近代武汉深受长江流域文化、码头文化和海外商贸移民文化等诸多因素交织的影响。武汉近代公馆·别墅·故居建筑的发展形成了丰富多样的建筑类型、艺术风格。

一、多样的建筑结构类型

随着近代武汉人民营造居住建筑的建造技艺与审美意识的不断进步，武汉的近代居住建筑得以快速发展。这些发展与进步主要体现在这一时期建造的众多别墅、公馆建筑中，尤其是建筑的结构类型也变得极为丰富而突出（表0-2）。

表0-2　建筑结构类型列表

建筑结构类型	建筑案例	结构类型优缺点	图例
木结构	毛泽东旧居（见右图）	优点：木结构具有温暖舒适的质感、宜人的尺度，吸热性好，建筑冬暖夏凉； 缺点：防火性能差。	
砖木结构	鲁兹故居（见右图）、李凡诺夫公馆	优点：砖木结构中建筑物竖向承重结构的墙、柱等采用砖或砌块砌筑，楼板、屋架等用木结构，砖木结构建造简单，材料广泛，费用较低； 缺点：建筑的保护与维修施工要求高。	
砖混结构	徐源泉别墅（见右图）、唐生智公馆	优点：造价便宜，就地取材，施工难度低； 缺点：空间尺度受限制，整体性及抗震性能较差。	

二、丰富的建筑艺术风格

　　由于受到各种外来文化的影响以及建筑流派的冲击，近代武汉的城市建筑风格呈现出多样化的特点，而别墅·公馆·故居类建筑由于与建造者、居住者有着极为密切的关系，往往在建筑的艺术风格上加上了一些建造者和使用者所属地区的一些地域特征。由于建筑营造过程中运用的材料、技术、工艺组织的不同以及审美诉求的差别而产生了武汉近代公馆·别墅·故居建筑风格百花齐放的局面。而在武汉近代公馆·别墅·故居建筑艺术风格的表现上，总体而言，大型的单栋居住类建筑风格则表现得较为鲜明，而小体量的建筑风格则表现得更为杂糅，其大体可以分为4种类型（表0-3）：

表0-3 建筑艺术风格列表

建筑艺术风格	代表元素	建筑案例	图例
中国传统建筑	1.木结构屋顶 2.天井院落	毛泽东旧居(见右图)	
新古典主义风格建筑	1.简化的罗马柱式 2.拱形窗花装饰	鲁兹故居、唐生智公馆(见右图)	
折衷主义建筑	延续传统: 1.砖木混合结构 2.空间院落序列	徐源泉别墅、 詹天佑故居(见右图)	 詹天佑故居内庭院
	中西结合: 1.平面为不规则六边形,打破常见的规矩平面 2.入口门廊,局部装饰壁柱、线脚		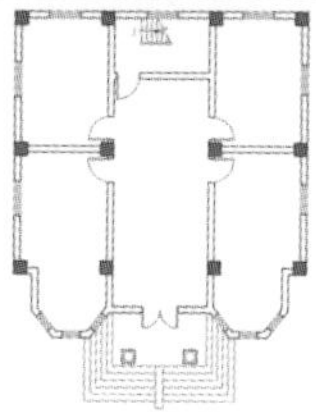 徐源泉别墅平面
俄罗斯风格建筑	1.高耸尖塔 2.红瓦、坡屋顶 3.双折线屋面	李凡诺夫公馆(见右图)	

（一）中国传统建筑

在中国的建筑历史上，自有记载的人工建筑物出现以来（南方的干栏式、北方的木骨泥墙），木架建筑便以它诸多的优势长期占据着中国古代建筑历史的重要地位。中国传统的居住建筑经过不断的发展和完善，演变成结构清晰、功能合理、注重人与自然和谐的宜居场所。近代以来，在新思想、新文化的冲击下仍然有着重要的地位。在本书中，中国传统建筑的典型代表是武汉毛泽东旧居（表0-4）。

表0-4　毛泽东旧居

毛泽东旧居内院

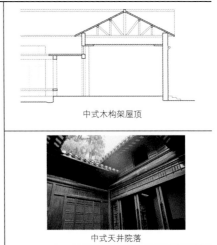

中式木构架屋顶

中式天井院落

毛泽东旧居是1926年12月—1927年8月毛泽东在武汉从事革命活动时的住所，被列为湖北省文物保护单位。旧居是晚清民居式木架建筑，抬梁式屋架，局部墙体后来修缮为砖砌墙体，整体坐东朝西，青砖灰瓦，三进三天井，具有典型的中国传统民居建筑特征。1976年，经武汉市委同意，在旧址南侧修建陈列馆，其立面按当年居民房复原，内部为回廊式布局，围绕中间庭院。

（二）新古典主义风格建筑

19世纪末期，正是欧洲各国的新古典主义建筑形式发展完善的时期。这一时期的武汉由于成为条约口岸城市，以及在欧洲各国弘扬欧洲文明、强国心态的促使下，在汉口租界及其周边建造了大量的新古典主义建筑。而这一时期的公馆·别墅·故居建筑也有其代表作，如鲁兹故居（图0-1）、唐生智公馆等。

鲁兹故居建成于1913年，位于汉口鄱阳街34号，当年地属英租界，属高级住宅区。鲁兹故居具有绝大多数西方居住建筑的特点：两层楼高，配有阁楼、地下室，一般用砖木混合结构，采用砖墙和木屋架，其建筑风格特征为新古典主义。建筑立面装饰简洁，但也不乏严谨处理的柱式，以及窗户的花饰处理。室内门窗线框则对称处理，壁炉的设计体现细部构造的精致，同时也有着新古典主义的特征。窗户装饰的卷草舒花、缠绵盘曲以及天花线脚的处理，都还隐约可以看到一些洛可可风格的痕迹。建筑虽局部有些建筑风格的杂糅，但整体而言属于近代武汉居住建筑中新古典主义的代表。

（三）折衷主义建筑

近代以来，武汉因其特殊的地理位置、历史沿革，成为各地军阀、官僚、巨商以及洋行买办建造公馆、别墅建筑的集中之地。这些居住建筑的空间整体布局、结构、细部及庭院空间营造方面，在或多或少保持着中国传统做法和受影响于建造者自身的审美爱好的同时，还融合了外来西方建筑文化的思潮，形成了自己独特的折衷主义建筑风格，其代表作为徐源泉别墅（图0-2，图0-3）。

徐源泉别墅位于武昌昙华林141号武警大院内，建于1945—1946年间。建筑坐东朝西，总体平面呈"凹"形，传统中轴对称，建筑原为硬山顶，穿斗式构架，栏杆、隔扇均做精工浮雕，具有中国传统建筑的特征。主入口处建有门廊，柱式为仿爱奥尼式，门额皆有雕饰，廊顶为二楼阳台，正立面两边八边形凸窗，立面采用大块的水刷石，用横向凹缝处理，与窗洞形成虚实对比，庄重气派又不失和谐生动，这些特征又都具有西方的建筑色彩。徐源泉别墅虽然年久失修，但从其端庄、典

图0-1　鲁兹故居

图0-2　徐源泉别墅南立面图

图0-3　徐源泉别墅柱头细部

雅、和谐的建筑风格当中，仍能依稀看到折衷主义思潮在武汉近代建筑中的印记。

（四）俄罗斯风格建筑

公馆·别墅建筑作为最早传入内地的一种西方住宅建筑，深受贵族、官僚、巨商以及洋行买办的追捧，并且在租界及其周边区域，也存在着许多西方人建造的公馆·别墅等住宅建筑。这些居住建筑一般都有独立庭院，形式多种多样，最大的特征是建筑风格异域特色浓厚，尤以俄罗斯建筑风格最为突出，李凡诺夫公馆便是其中的典型代表（表0-5）。

表0-5　李凡诺夫公馆

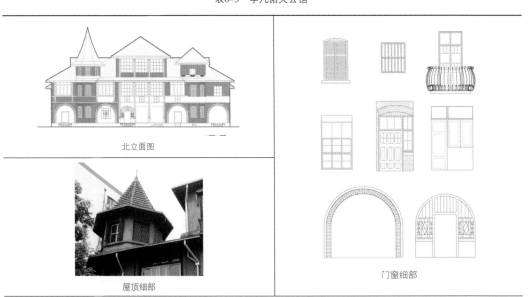

北立面图

屋顶细部

门窗细部

李凡诺夫公馆位于汉口洞庭街88号，属斯拉夫（注：欧洲东部、南部地区一个民族的称呼）别墅式住宅建筑，具有典型俄罗斯民居特色，建成于1902年，外墙为清水红砖，三层砖木结构，面积约670m²。在这一建筑中，因东方文化渗入的影响，且各种欧式建筑元素在其间相互融合，便诞生了一种非常有趣的建筑形态，建筑底层设有拜占庭风格的砖石拱券，二层外走廊设计明显融入了东方建筑艺术的元素，三层封闭式阳台又突出了俄罗斯严寒地区的建筑特点。建筑立面设计活泼跳跃，其左端建有八角形红瓦尖塔1座，采用了拜占庭东正教堂的表现形式，是俄式民居建筑最显著的特征。此外，建筑设计注重对线条和韵律的追求，或多或少带有一些浪漫主义的建筑风格，但建筑整体已明显简洁，装饰已明显减少。整体建筑风格及细部处理异域特征明显，具有浓厚的俄罗斯建筑风格。

历经百年，该建筑至今还十分坚固，不仅主体基础及砖石结构，楼内门扇、地板及木质楼梯等还依旧可以照常使用，建筑细节的精美考究也令人惊叹。

三、精致的建筑细部特征

一栋建筑各个部位的功能、结构、构造等方面的完善与美化很大程度上取决于建筑整体构图形态与建筑细部的设计。细部能很好地反映出建筑的性格与风貌，还能表现建筑的时代特征和地域特征，同时也是建筑情感最基本的体现。而居住类建筑作为与人的生活情感联系最为紧密的建筑类型，其建筑细节、环境细节的刻画对于塑造不同类型的武汉近代居住建筑性格与氛围有着至关重要的作用。

在武汉近代公馆·别墅·故居建筑的细部设计中，主要突出了门窗、廊柱、线脚、立面材质以及环境等细节方面。

（一）门窗

居住建筑门窗为我们提供了许多窗口，可以很好地满足居住者的环境审美偏好。凭借着这些窗口——入口、阳台、窗台，我们可以去尽情观看和享受外面的场景与人群，随自己的意愿来开启和关闭这些窗口，调节自己的心情。近代公馆·别墅·故居建筑窗户大都以木材为主，但由于各种建筑风格的不同，这些建筑在开窗形式以及细节处理上差别很大。中式传统风格居住建筑则以简洁长方形窗扇为主，无添加装饰。新古典主义风格建筑窗户则形式多样，部分窗户使用了拱形窗，窗花的装饰，或卷草舒花或缠绵盘曲，如鲁兹故居（图0-4）等。而俄罗斯风格居住建筑最大的窗户细部特征则是增加了繁密的百叶窗扇，如李凡洛夫公馆（图0-5）。这些不同类型的建筑窗户细部不仅易于塑

图0-4 鲁兹故居窗户细部

图0-5 李凡洛夫公馆窗户细部

图0-6 唐生智公馆壁柱

图0-7 杨森公馆立面材质

造建筑的个性，同时也能给居住者一种归属感。当人们站在远处便能遥望到所居住的独特而又熟悉的建筑，心情会瞬间舒畅、轻松。

（二）入口门厅

建筑的入口一般结合台阶以及门廊、柱的设计来强调建筑的主次与中心。精美雅致的廊柱的细部设计与刻画则能对入口形象与建筑整体氛围的形成起到一定作用。

（三）线脚、壁柱

线脚、壁柱作为重要的装饰立面构成手段，在中国传统建筑形式中不多见，在其他建筑风格的别墅·公馆·故居建筑中则常用，线脚、壁柱（图0-6）的装饰能突显出建筑传统文脉、地域特征和建筑风格，还可以起到一定的保护立面防止雨水侵蚀的作用。同样，这些细部装饰也能反映出居住者的情感与气质。

（四）建筑材质

在整个建筑中，最能让建筑表现出它的历史与情感的是建筑的材质，建筑的材质不仅可以反映不同时期的建筑性格与地域特征，还能体现出建筑的历史与变迁。如徐源泉别墅正立面运用的大块水刷石砖以及入口门廊的灰麻石都显示出当时军阀、贵族修建的别墅·故居建筑的精致与奢华。杨森公馆立面（图0-7）则采用喷浆、拉毛处理，随着时间的轮转，整体建筑立面在自然界的作用下变得愈加厚重与沉稳。同时，通过对建筑材料的触摸产生的触觉也是最敏感、最能触发人心灵的。无论是当时的居住者对自己居住的家的真挚的情感，还是后来居住者对家中所留下的先辈、亲人、历史痕迹的缅怀之情，这些交织的感情往往最容易因触觉而引发。

四、建筑的事件价值

相较于其他类型的建筑，武汉近代公馆·别墅·故居建筑作为居住类建筑发挥着它的功能特性的同时，还蕴含着其特殊的"历史事件"价值，这里的事件价值包括：（1）发生的与建筑相关的重要"事件"价值；（2）与建筑居住者相关的"事件"价值。

（一）发生的与建筑相关的重要"事件"价值

历史造就了建筑，建筑见证了历史。历史建筑的历史"事件"价值是在特定的时期由时间属性所赋予。历史建筑见证了它在建造、形成的那个特定时间段的活动。

在这里，武汉近代公馆·别墅·故居建筑的历史价值主要表现在它见证了一些重要的历史人物的活动，为这些重大历史事件的发生、历史活动的展开提供了一个具体的、真实的、存在的空间环境（表0-6）。同时也能为发现、研究和揭示历史事件提供一个史料价值的基础信息补充。

表0-6　与建筑相关的"事件"价值列表

建筑名称	见证历史事件
杨森公馆	1946年1月5日，国共双方就停止国内军事冲突达成协议。由周恩来、张群和美国代表马歇尔组成的三人委员会，于1946年5月10日在杨森公馆举行会谈，并签订了停止中原内战的《汉口协议》。
毛泽东旧居	1926年12月—1927年8月，毛泽东偕夫人杨开慧及子毛岸英、毛岸青暂居武汉，从事革命活动。《湖南农民运动考察报告》就在这里整理成稿。
郭沫若故居	郭沫若在1938年1月来到抗战的中心——武汉，出任国民政府军事委员会政治部第三厅厅长，居住在武汉大学从事革命活动。

（二）与建筑居住者相关的"事件"价值

"生命延续性意识的强弱决定于社会被历史激发的程度。"[①]

——瑞典哲学家哈尔登

武汉近代公馆·别墅·故居建筑的"事件"价值不仅体现在它作为建筑遗产等物质表现方面，同时也体现在建筑与居住者所创造的各种精神文化等非物质情感表现方面。武汉近代公馆·别墅·故居建筑作为居住、生

---

① [英]B.M.费尔顿. 欧洲关于文物建筑保护的观念.陈志华，译. 世界建筑，1986（3）。

活与办公的场所，必然会渗透一些当时、当地居住者的文化精神。正是这些文化情感与精神的积淀、影响，才赋予了建筑独有的气质，才成为了这座城市精神文化财富的重要组成部分。

　　武汉近代公馆·别墅·故居建筑的居住者大多是一些当时历史环境下在各个领域有着重要贡献与影响力的人物。有革命烈士、抗日将领、政商名人、科教文化精英以及众多著名国际友人。他们的个人影响力、贡献、精神、思想言论等都具有广泛的社会效应，是城市历史、社会、文化的集中体现，也是地域文化、民族文化的精髓，是形成我们这个城市环境家园的不可或缺的一部分。正是这些精神文化价值的维系，才促使着我们去探寻、挖掘、保护和发扬。同时，这种精神文化价值也是城市的一张精美的名片，这些非物质文化遗产在起到教育感化、提高城市文化内涵的作用的同时，还能为城市带来良好的经济效益。

012

01
第一章

第一章 石瑛旧居

石瑛旧居位于武昌昙华林三义村，建于20世纪20年代末，建筑为石库门式的两层小楼，砖混结构，红砖坡屋顶。为湖北省境内的一所辛亥革命名人旧居。

第一节　历史沿革

石瑛旧居历史沿革

时　间	事　件
1912年	孙中山就任中华民国临时大总统。石瑛奉召回国任秘书，总办禁烟事宜，亲自起草禁烟法规。
1928年	石瑛在昙华林购地建此房。
1929—1930年 1937—1938年	石瑛全家居住于此。抗战初期，董必武等共产党人到此，与石瑛协商国共合作抗日事宜。
1943年	12月4日，石瑛病逝。
2008年	石瑛旧居被湖北省政府公布为湖北省文物保护单位。
2011年	武汉市武昌区政府按"修旧如旧"原则对旧居进行了修缮，修缮时间历时两个月。 图1-1　修缮中的石瑛旧居（来源于网络）
现今	功能置换为文化艺术创意工作室。

第二节　建筑概览

石瑛(1878—1943年)，湖北阳新人，曾赴比利时、法国留学，中国同盟会会员，协助孙中山在欧洲建立了同盟会组织。辛亥革命后回国，曾任国民党一大中央委员、南京市市长、湖北建设厅厅长等职。

石瑛旧居外墙由红砖砌筑而成，门廊由麻石砌筑而成，在小楼内部带有一个小庭院，楼外有院墙。大门上方是二楼部分内凹成的露台，供人远眺，可与外部景观交流，是居室内外的灰空间。旧居采用坡屋顶，硬山样式，造型古朴。建筑平面和立面体现"中庸"思想，呈中轴对称。整栋建筑稳重中透露出典雅，与昙华林一带建筑相互辉映，充满了历史韵味。

在21世纪初期由于城市建设发展，旧居遭到人为破坏，险遭拆除，后经多方人士的努力得以修缮保存下来。如今石瑛旧居焕发出新的生机，变身为文化艺术创意工作室，吸引着众多文化艺术创作者的加入。

石瑛旧居建筑照片详见图1-2至图1-7所示。

图1-2　石瑛旧居透视实景图

图1-3　南立面实景图

图1-4　西立面实景图

图1-5　一层窗户

图1-6　一层入口

图1-7　入口台阶、石狮

第三节 技术图则

依据建筑实测图纸，部分辅以三维建模，用技术图则方式解析石瑛旧居建筑的环境布局、平面布置、功能流线、围护结构、采光及通风等规划建筑诸元素。石瑛旧居技术图则详见图1-8至图1-22。

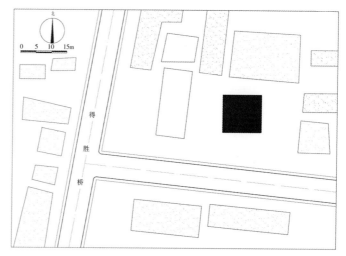

图1-8 街道关系

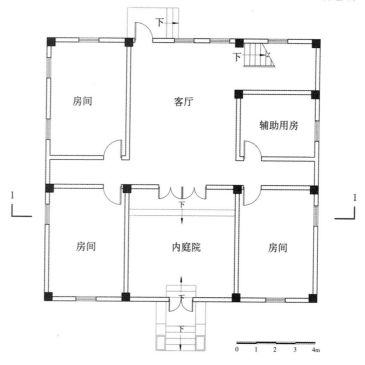

图1-9 一层平面图

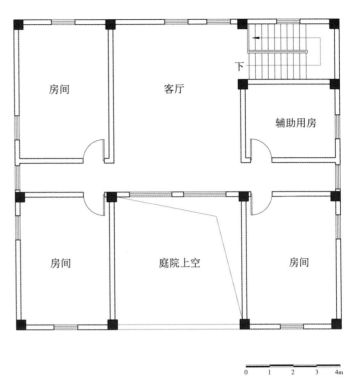

图1-10　二层平面图

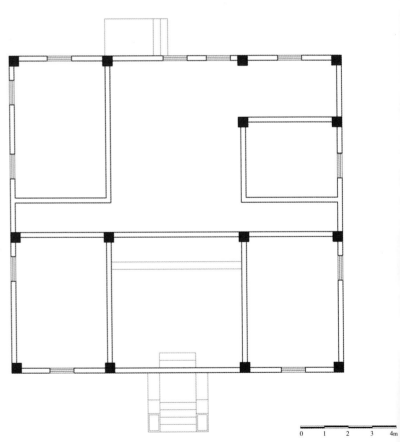

图1-11　结构分析

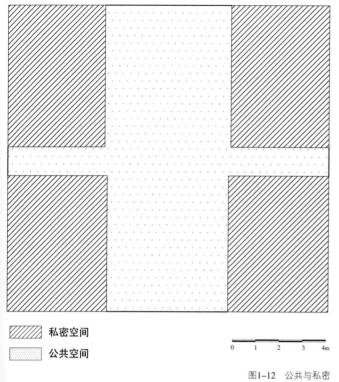

私密空间
公共空间

0 1 2 3 4m

图1-12 公共与私密

019

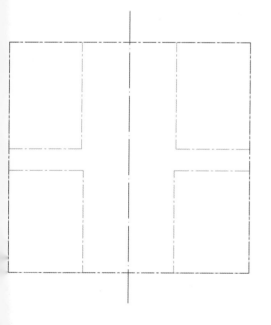

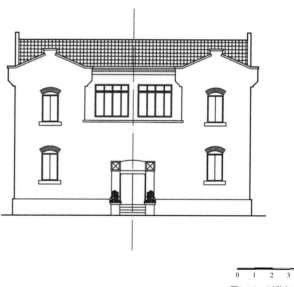

0 1 2 3 4m

图1-13 对称与均衡

◆ 旧居屋顶采用坡屋顶，用红砖砌筑形成硬山样式，构造古朴。建筑平面和立面体现"中庸"思想，呈中轴对称。整栋建筑稳重中透露出典雅，与昙华林一带建筑遥相辉映，充满了历史韵味。单栋建筑的设计需考虑到与街区地域文脉、建筑群体风貌的融合与统一，这在现今的建筑设计中仍然是值得我们深思和考虑的。

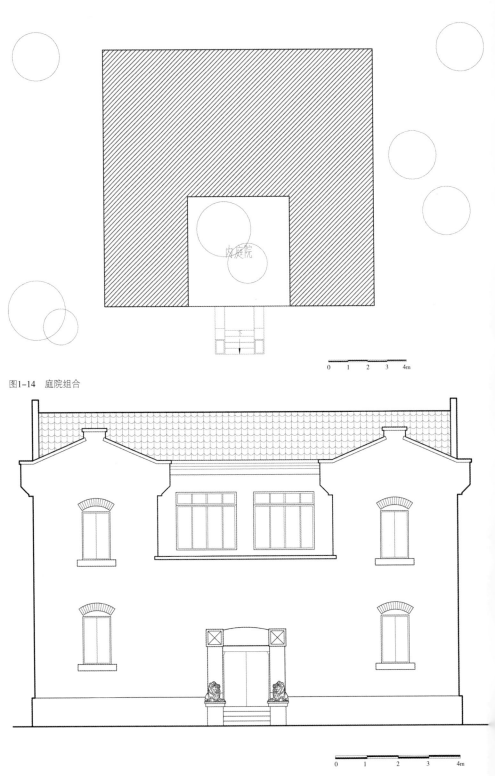

图1-14　庭院组合

图1-15　南立面图

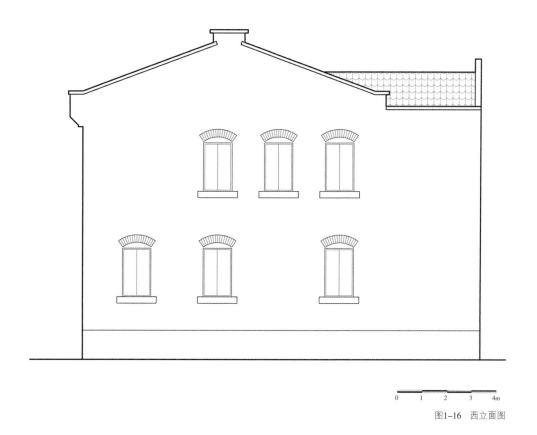

0 1 2 3 4m

图1-16 西立面图

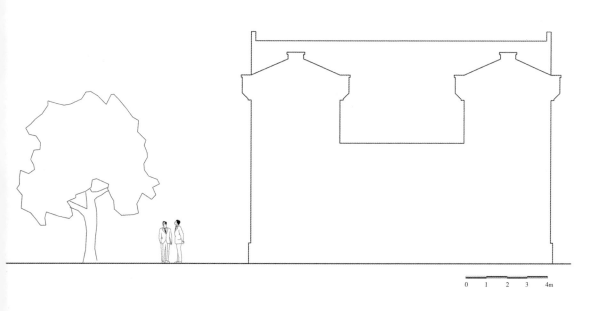

0 1 2 3 4m

图1-17 体量关系

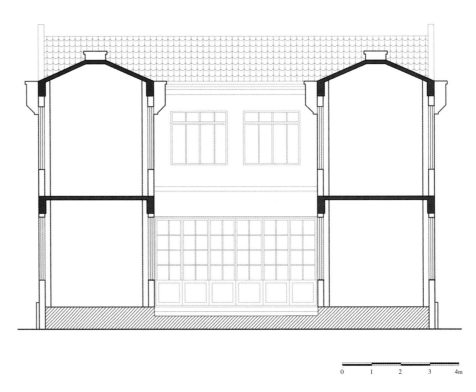

0 1 2 3 4m

图1-18 1-1剖面图

◆ 图1-19~图1-21：对自然通风、视线以及采光的优先考虑，无疑是居住类建筑的突出特性，尽量源于自然、和谐于环境，而这恰好暗合了居住建筑地域性与生活性的内在诉求。

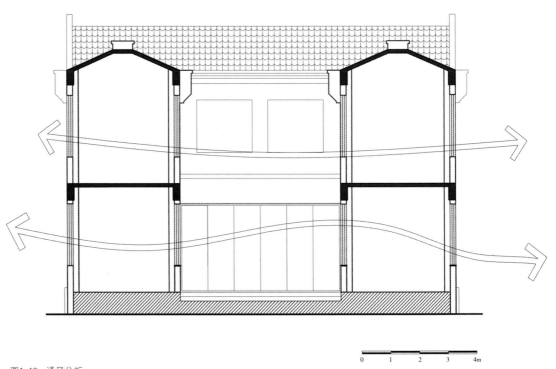

0 1 2 3 4m

图1-19 通风分析

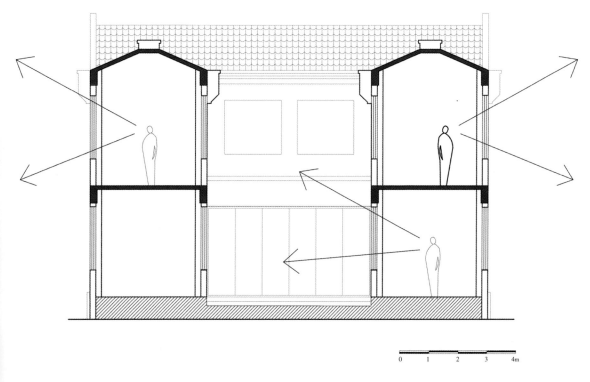

0　　1　　2　　3　　4m

图1-20　视线分析

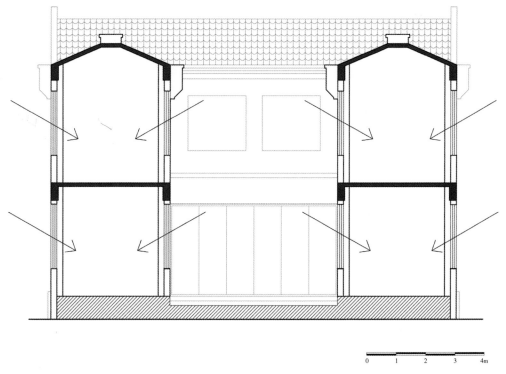

0　　1　　2　　3　　4m

图1-21　采光分析

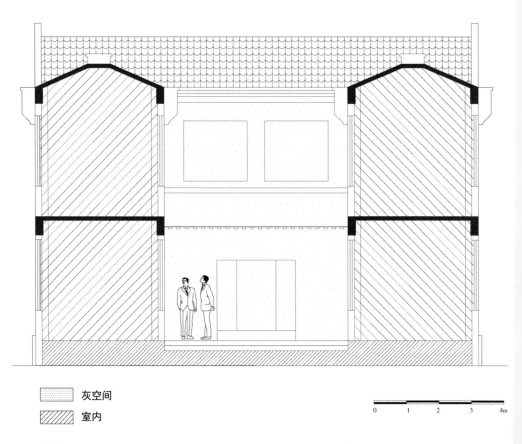

灰空间

室内

0　1　2　3　4m

图1-22　灰空间

02

第二章

第二章 晏道刚旧居

晏道刚旧居位于高家巷17号,在街道转角处。建筑建于1932年,为两层砖混结构。晏道刚在革命时期大都居住于此,在新中国成立初期该建筑由晏道刚的友人看管,后来建筑归房管局所有,改建成公办幼儿园,同时保留了部分居民住房。

第一节 历史沿革

晏道刚旧居历史沿革

时 间	事 件
1932年	晏道刚旧居位于高家巷17号,建造于1932年。
1946年	晏道刚回武汉在此居住。
现今	晏道刚旧居作为公共幼儿园建筑使用。

第二节 建筑概览

晏道刚(1889—1973年),湖北汉川人。1911年7月以学生军排长身份入伍,后参加武昌起义。历任湖北督军署参谋,两湖巡阅使署参谋,陆军第二师参谋处处长。1926年参加北伐战争。1954年被选为湖北省人民委员会委员、省政协委员和省民革常委。

晏道刚旧居建筑为两层砖混结构,立面青砖灰瓦,屋顶仿歇山样式,整体古朴而富有质感。旧居用院墙将其与周围建筑隔开,建筑坐北朝南,冬暖夏凉,光线充足。在总平面上,值班室位于院子的西南角,佣人房在建筑的西北角。该建筑内部没有设置连接二层的楼梯,只是在室外靠着值班室有1部两跑楼梯和靠着佣人房有1间专门的楼梯间。公馆入口是平面上内凹形成的门廊入口,形成1个室内外过渡的灰空间。门廊上方是二楼的阳台。

晏道刚旧居建筑照片详见图2-1至图2-5。

图2-1　晏道刚旧居透视实景图

图2-2　南立面实景图

图2-4　建筑局部实景图（2）

图2-3　建筑局部实景图（1）

图2-5　建筑局部实景图（3）

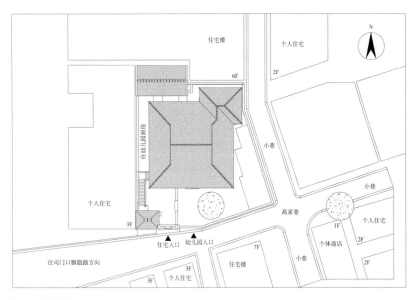

图2-6 街道关系

第三节 技术图则

本节依据建筑实测图纸，部分辅以三维建模，用技术图则方式解析晏道刚旧居建筑的环境布局、平面布置、功能流线、围护结构、采光及通风等规划建筑诸元素。晏道刚旧居技术图则详见图2-6至图2-16。

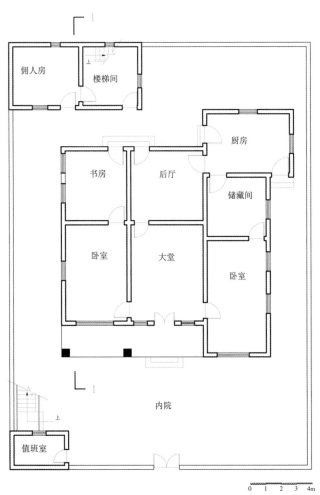

0 1 2 3 4m

图2-7 一层平面图

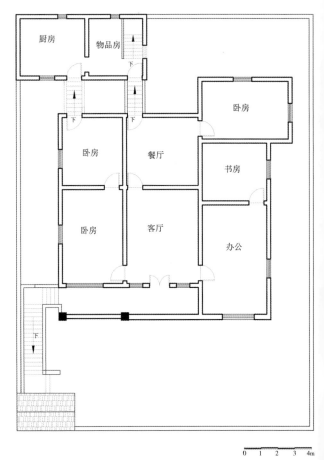

0 1 2 3 4m

图2-8 二层平面图

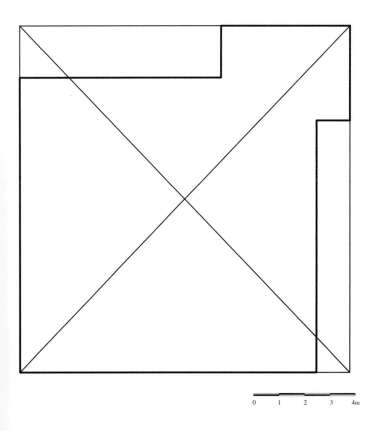

0　1　2　3　4m

图2-9　几何关系

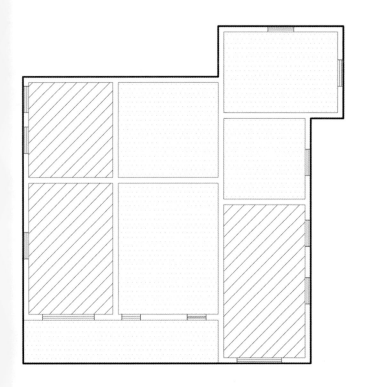

私密空间

公共空间

0　1　2　3　4m

图2-10　公共与私密

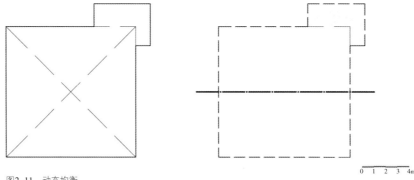

图2-11　动态均衡

图2-12　南立面图

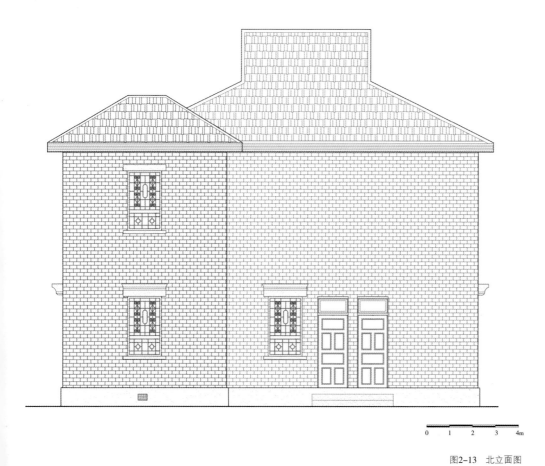

0 1 2 3 4m

图2-13 北立面图

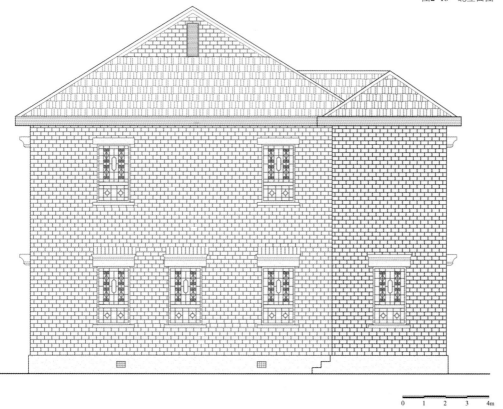

0 1 2 3 4m

图2-14 东立面图

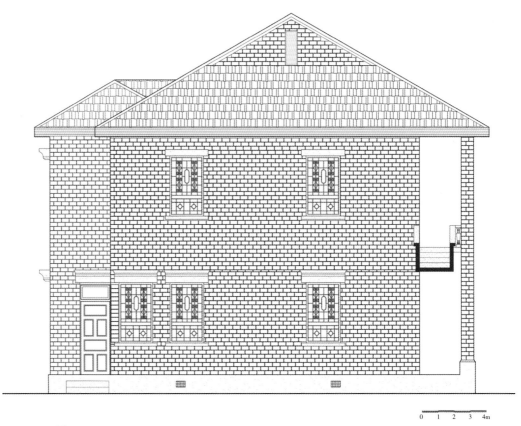

图2-15 西立面图

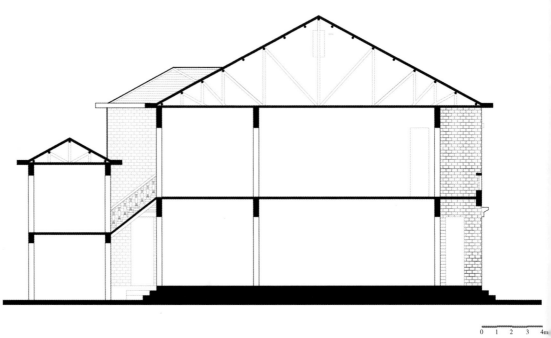

图2-16 1-1剖面图

第三章

03

第三章 刘公公馆

刘公公馆位于武昌昙华林街32号，建于1900年，坐南朝北，青砖清水墙，两层砖木结构。2005年，刘公公馆被公布为武汉市优秀历史建筑。

第一节 历史沿革

刘公公馆历史沿革

时 间	事 件
1900年	刘公公馆位于武昌正卫街(今武昌昙华林街32号),建造于1900年。
抗日战争时期	刘公公馆成为文化汉奸李芳的住宅。
1946年	武昌正卫街并入武昌昙华林。
解放战争时期	刘公公馆成为国民党军警头目张广霁的住宅。
2005年	刘公公馆被公布为武汉市优秀历史建筑。

第二节 建筑概览

刘公(字仲文)，为人性格豪爽，目睹清廷政事日非，慨然有振兴华夏之志，是一位清末时期积极支持反清革命的仁人志士，曾担任反清革命团体共进会的第三任会长。辛亥革命时期创造了九角十八星的"首义之旗"。

刘公公馆是一栋两层砖木结构的法国乡村别墅式建筑，其正厅门廊采用了科林斯立柱支撑的阳台，强调了正立面中部的高耸山花雕刻，前庭和后院均设有空中观景走廊。

现在，这栋百年老宅属部队所有，里面仍然居住着几户部队家属。2005年1月，刘公公馆已被正式列入武汉市第二批优秀历史建筑名单。

刘公公馆建筑照片详见图3-1至图3-5。

图3-1　刘公公馆南立面实景图

图3-2　建筑入口

图3-3　建筑细部（1）

图3-4　建筑细部（2）

图3-5　建筑细部（3）

第三节　技术图则

依据建筑实测图纸，部分辅以三维建模，用技术图则方式解析刘公公馆建筑的环境布局与立面构成。刘公公馆技术图则详见图3-6，图3-7。

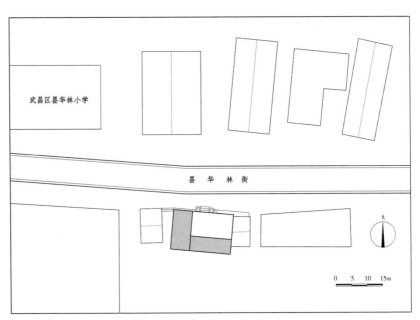

图3-6　街道关系

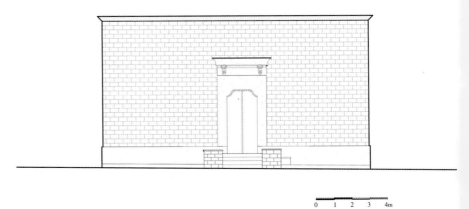

图3-7　南立面图

04

第四章 鲁兹故居

鲁兹故居位于汉口鄱阳街34号，建成于1913年，该建筑为革命时期无私支持中国革命事业的美国传教士鲁兹的住所，两层砖木结构，立面采用红砖砌筑。1992年湖北省政府将鲁兹故居公布为湖北省文物保护单位。

第一节 历史沿革

鲁兹故居历史沿革

时 间	事 件
1913年	鲁兹故居建成，地属英租界。
革命时期	鲁兹故居一度成为掩护反清革命志士及进步人士活动的场所，同时接待过众多国家领导人和国际友人。中共领导人周恩来、朱德、彭德怀都曾到这里做客，国际友人安娜·路易斯·斯特朗、史沫特莱、白求恩等到汉后都曾先后在鲁兹家居住，路易·艾黎、艾泼斯坦也在这里活动过。
1938年	鲁兹告老回国，离开了居住26年之久的老房子。同年，周恩来赠与亲笔题词，并在"八路军驻武汉办事处"为他举行告别宴会。
1944年	美国盟军飞机在轰炸汉口的日本侵略军时，将临近的汉口圣保罗教堂炸毁，而鲁兹故居却在战火中得以幸存。
1958年	武汉基督教界实行联合礼拜后，汉口的新圣保罗教堂及鲁兹故居，被武汉市房地局接管，拨交江岸区房地产公司等单位办公使用。
1988年	鲁兹故居被武汉市人民政府认定为市级文物保护单位。
1992年	湖北省人民政府公布鲁兹故居为湖北省文物保护单位。
2002年	鲁兹故居变更成为江岸区审计局的办公用房。
2004年	武汉长江隧道施工引起鲁兹故居地基不均匀沉降，后通过测试及勘测对鲁兹故居采取了科学的加固及变形修复措施。 图4-1 修缮中的鲁兹故居
2012年	鲁兹故居进行了整体建筑外观及内部装修的维修。
现今	鲁兹故居被博物馆保护利用。

第二节 建筑概览

鲁兹（Bishop Roots），中文名吴德施，是一位富有同情心，并且支持中国革命事业的美国人。1896年11月，26岁的鲁兹被基督教美国圣公会差派来到武昌。鲁兹主教在抗战初期经常参加八路军武汉办事处的活动。

鲁兹故居所在地当年是英租界，属高级西人和华人住宅区。鲁兹故居具有美国绝大多数住宅的特点：两层楼高，配有阁楼、地下室，一般采用砖木混合结构。鲁兹故居建筑坐东南朝西北，主入口朝西面向主干道。其风格为折衷主义与新古典主义的结合。总体简洁，很少装饰，但也不乏严谨处理的柱式，以及窗户的花饰处理。壁炉的设计体现了细部构造的精致。窗户的装饰，卷草舒花、缠绵盘曲、弧线和S形线，以及室内装饰的基调、天花线脚的处理，都充分体现了洛可可风格的明快和纤巧。室内门窗线框对称处理，则体现了新古典主义的特征。

建筑的整体结构是砖木混合体系，砖墙承重，屋架部分为木结构。屋架部分主要是西式屋架与中国传统抬梁式建构的结合。横向承重构件为2根木梁，梁上中间4根柱子由抬梁式结构支撑正脊。斜脊梁和人字木则由半屋架来支撑。

该建筑的价值，不仅指向建筑本身，更充分体现在它的社会价值和文化价值上。因这座建筑而带来的西方艺术和文化是经久不衰的，又由于鲁兹的特殊身份，给该建筑带来了很多的历史故事。这段沉淀已久的历史是中国人值得珍藏的记忆。

鲁兹故居建筑照片详见图4-2至图4-5。

039

图4-2 鲁兹故居透视实景图

图4-3 鲁兹故居北立面实景图

图4-4 入口台阶

图4-5 窗户

第三节 技术图则

依据建筑实测图纸，部分辅以三维建模，用技术图则方式解析鲁兹故居建筑的环境布局、平面布置、功能流线、围护结构、采光及通风等规划建筑诸元素。鲁兹故居技术图则详见图4-6至图4-18。

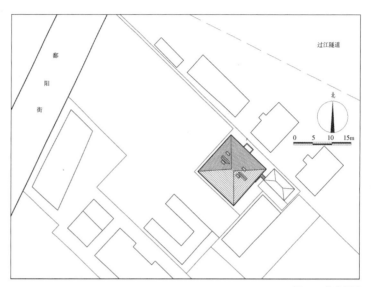

图4-6 街道关系

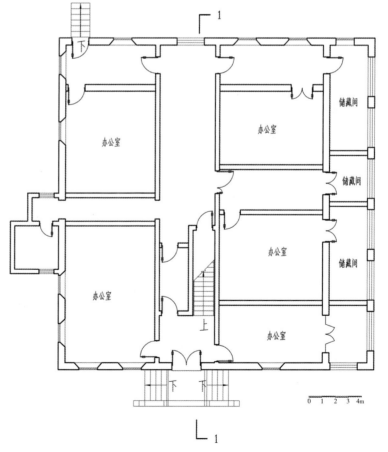

图4-7 一层平面图

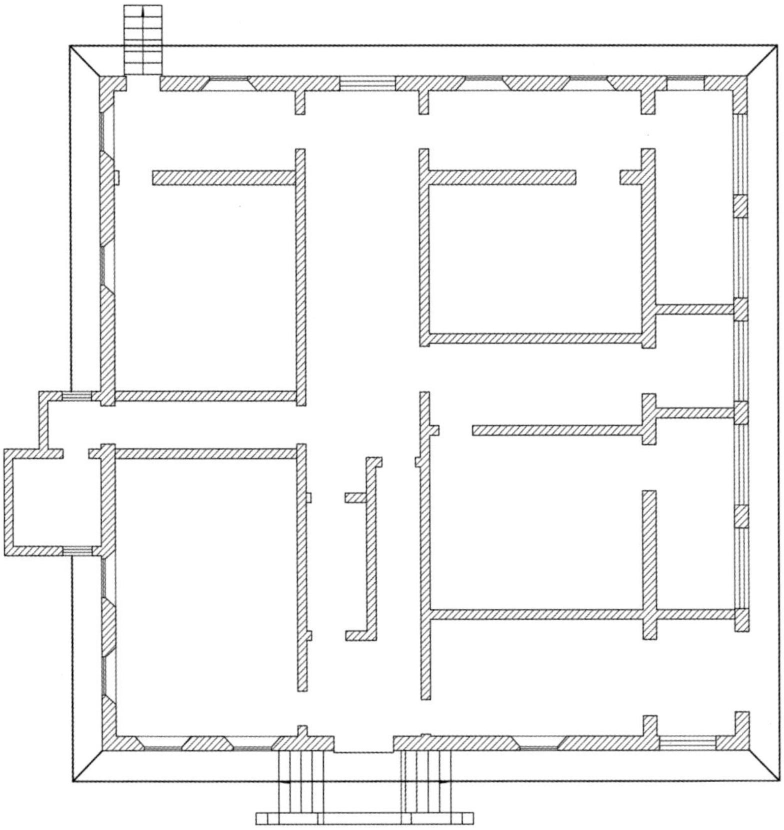

图4-8　结构分析

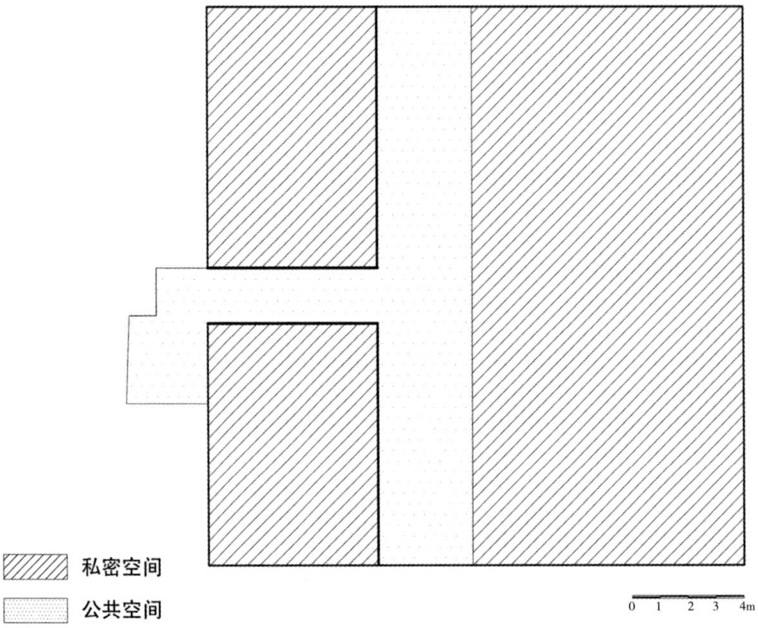
私密空间
公共空间
0 1 2 3 4m

图4-9　公共与私密

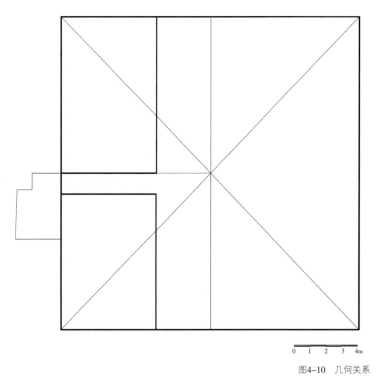

0 1 2 3 4m

图4-10 几何关系

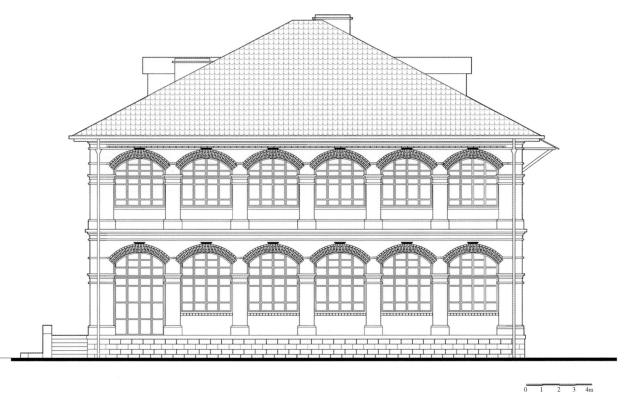

0 1 2 3 4m

图4-11 北立面图

◆ 鲁兹故居具有新古典主义精致而不繁复琐碎的立面构图元素，采用简化的罗马柱式、拱形的窗花装饰。

044

◆ 对称与均衡不仅是总平面布局的常用原则，同时也是建筑空间塑造的重要手法。

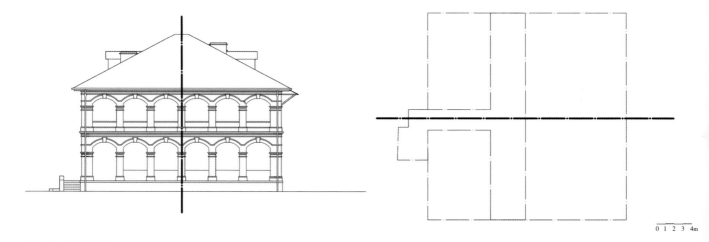

图4-12 对称与均衡

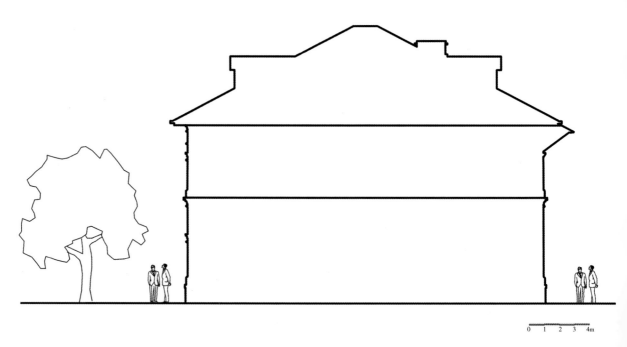

图4-13 体量关系

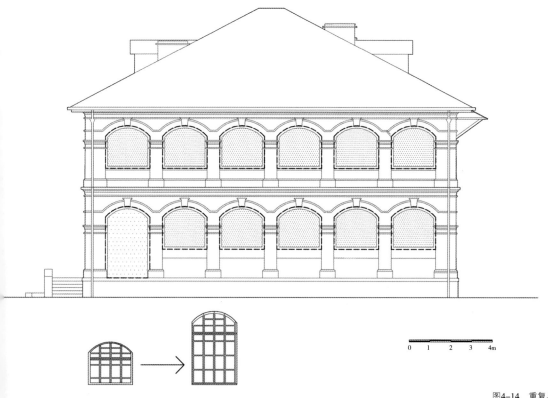

图4-14　重复与变化

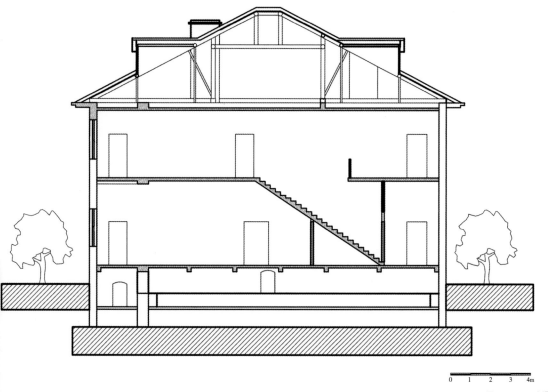

图4-15　1-1剖面图

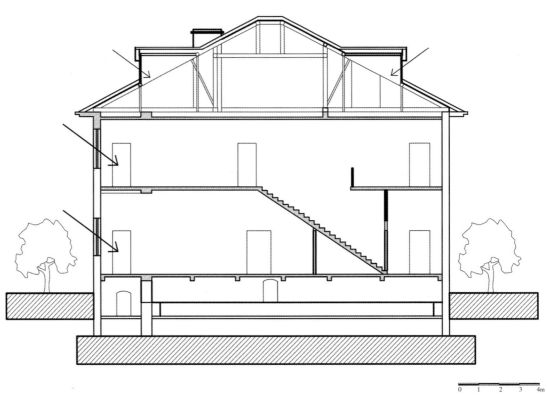

图4-16 采光分析

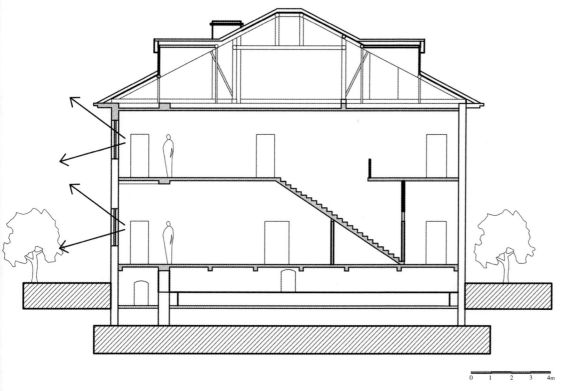

图4-17 视线分析

048

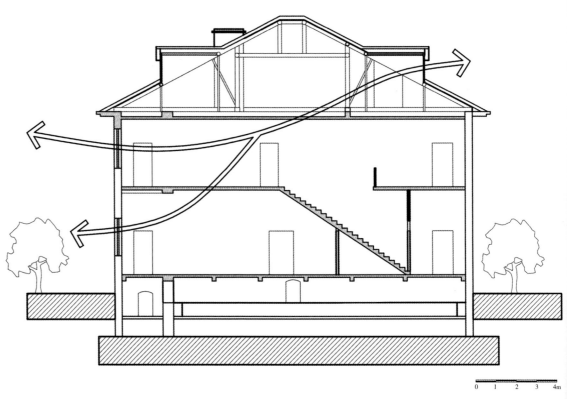

图4-18　通风分析图

第五章 毛泽东旧居

武汉的毛泽东旧居位于武昌都府堤路41号，原旧居建筑建于20世纪初期，后来在原旧居建筑的基础上复建了整体民房，建筑面积312m²，内部为平顶回廊式大厅。建筑与附近的中共"五大"会议纪念馆、武昌农民运动讲习所旧址纪念馆共同形成了一片红色景区。

第一节　历史沿革

毛泽东旧居历史沿革

时　间	事　件
1926年12月—1927年8月	1926年12月—1927年8月，毛泽东偕夫人杨开慧及子毛岸英、毛岸青暂居武汉，从事革命活动。《湖南农民运动考察报告》就在这里整理成稿。
1957年	修武昌儿童公园时拆除。
1976年	重建毛泽东旧居，并在旧址南侧修建陈列馆。
1977年	正式对外开放。
2001年	公布为全国重点文物保护单位。

第二节　建筑概览

武汉的毛泽东旧居平面呈长方形，长约42m，宽约10.5m。坐东朝西，青砖砌筑，两侧建有风火山墙，整体建筑木架构，青瓦平房，3进3天井，砖铺地坪，典型庭院式居住建筑。建筑内部分为中路厅堂、两侧厢房，受宽度所限，厅堂与大门并不在同一中轴线上。在此，我们可以清楚地看到毛泽东一家生活过的痕迹，包括毛泽东一家居住的卧房、厨房，蔡和森、郭亮、彭湃、夏明翰、罗哲等人先后住过的客房，以及前客厅等。

毛泽东旧居建筑照片详见图5-1至图5-4。

图5-1　毛泽东旧居透视实景图

图5-2　毛泽东旧居天井

图5-3　毛泽东旧居屋架

图5-4　毛泽东旧居后院

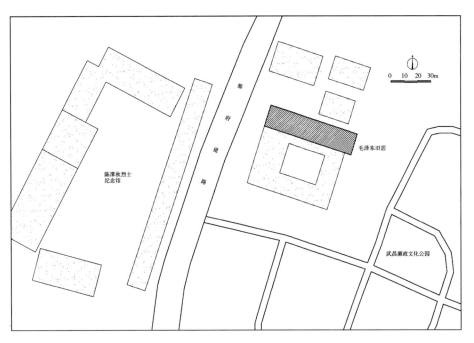

图5-5　街道关系

052

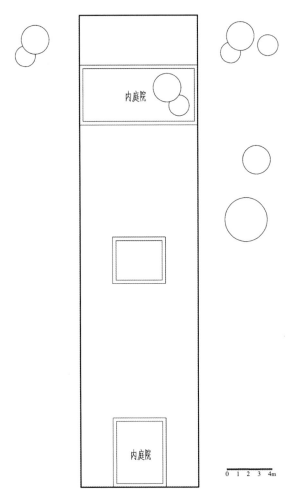

图5-6　院落组合

第三节　技术图则

　　依据建筑实测图纸，部分辅以三维建模，用技术图则方式解析毛泽东旧居建筑的环境布局、平面布置、功能流线、围护结构、采光及通风等规划建筑诸元素。毛泽东旧居技术图则详见图5-5至图5-19。

◆　居住建筑围绕庭院、天井形成组合式布局，形成局部微气候循环，同时还营造一个交流聚会的场所，提升生活居住品质。

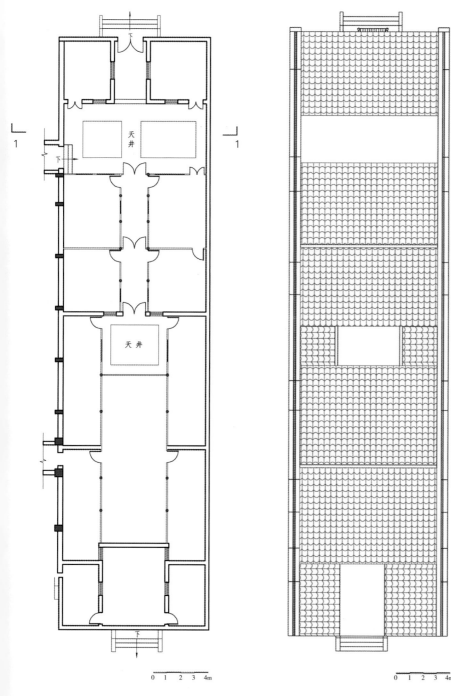

天井

天井

0 1 2 3 4m

图5-7　一层平面图

0 1 2 3 4m

图5-8　屋面平面图

054

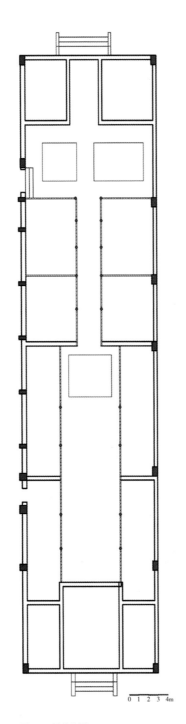

0 1 2 3 4m

图5-9 结构分析

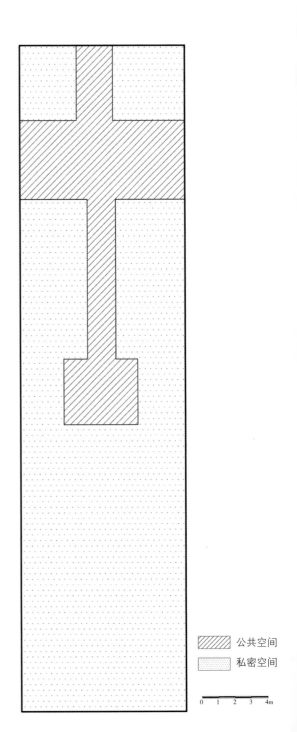

公共空间

私密空间

0 1 2 3 4m

图5-10 公共与私密

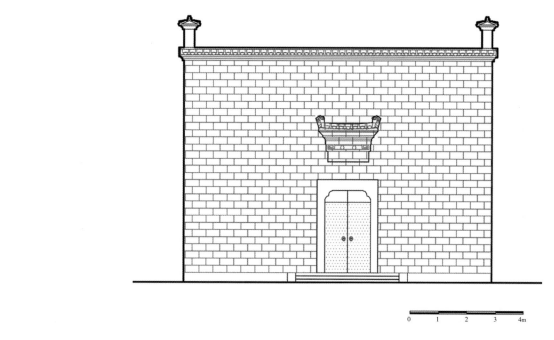

0　1　2　3　4m

图5-11　西立面图

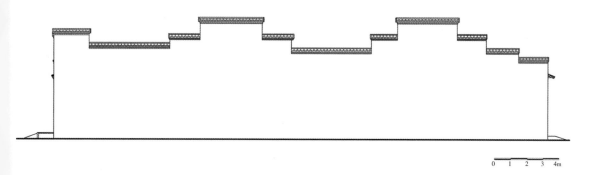

0　1　2　3　4m

图5-12　南立面图

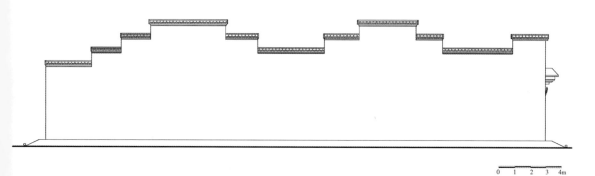

0　1　2　3　4m

图5-13　北立面图

◆　图5-14，图5-15：木结构的居住建筑具有温暖舒适的质感、宜人的尺度，吸热性好，建筑冬暖夏凉。在当今的建筑设计中，木结构的房屋仍然具有广泛的应用。

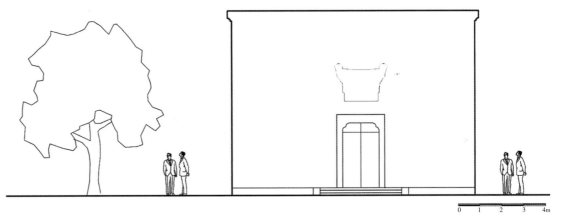

图5-14　体量关系

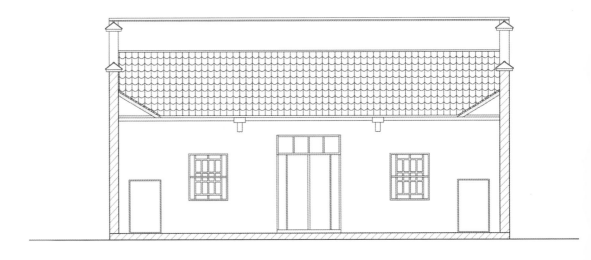

图5-15　1-1剖面图

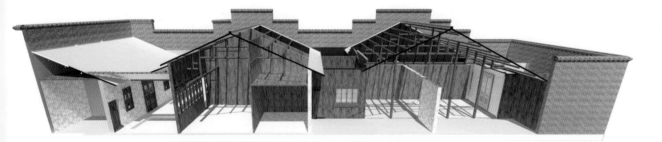

图5-16　剖切示意图

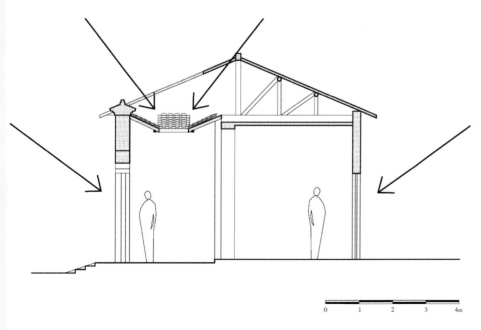

图5-17　采光分析

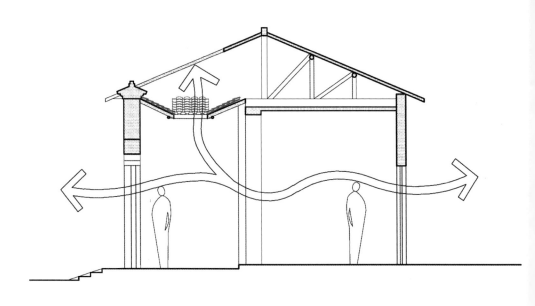

0　　1　　2　　3　　4m

图5-18　通风分析

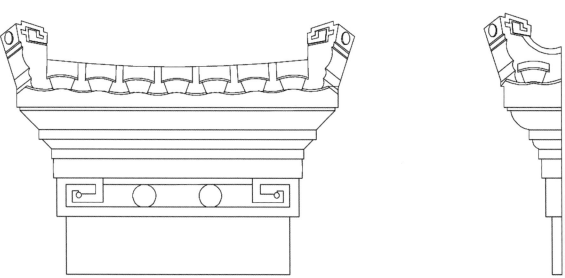

图5-19　建筑细部

06

第六章

第六章 刘少奇故居

武汉刘少奇故居位于武汉市汉口友益街尚德里2号。1926年，刘少奇以中华全国总工会及湖北省总工会秘书长的身份在此领导工人运动。故居是一幢20世纪20年代里弄式两层楼民房，砖木结构，建筑中轴对称，坐北朝南。

第一节　历史沿革

刘少奇故居历史沿革

时　间	事　件
1926年10月	刘少奇来到武汉，为中华全国总工会迁址武汉做准备。
1926年12月	刘少奇在此撰写了《工会代表会》、《工会基本组织》、《工会经济问题》三篇著作，是我国工会建设方面的著名论著，也是中国共产党的整个工人运动理论的重要组成部分，有很高的理论价值及重要的历史和现实意义。
1927年7月	刘少奇离开武汉，尚德里2号住宅仍旧作为普通住宅楼使用。
20世纪90年代	武汉进行旧城改造，尚德里基本被拆除，仅有尚德里2号刘少奇故居这一栋楼保存了下来。

第二节　建筑概览

刘少奇（1898—1969年），伟大的马克思主义者，伟大的无产阶级革命家、政治家、理论家，党和国家主要领导人之一，中华人民共和国开国元勋，是以毛泽东同志为核心的党的第一代中央领导集体的重要成员。

刘少奇故居立面为水泥拉毛处理，门窗为硬木拼装，大门为石框门。建筑内部空间为四合院形式，中为天井、客厅；左右各2间房，尺度宜人。楼上房间布局与楼下基本一致。整体建筑通过开窗造型的变化，显得别有情致。屋顶铺红瓦，形式随平面布局变化灵活，端庄大气中又不失灵动。整体建筑造型平稳，比例严谨，简洁典雅，朴素大方。如今的刘少奇故居作为保护建筑保存较完好，仍然作为居住建筑使用。

刘少奇故居建筑照片详见图6-1至图6-5。

图6-1　刘少奇故居透视实景图

图6-2　刘少奇故居南立面实景图

图6-3　刘少奇故居西立面实景图

图6-4　一层窗户

图6-5　一层入口

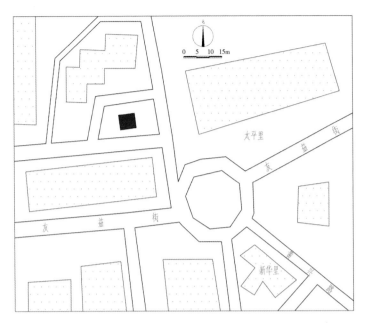

图6-6 街道关系

062

第三节 技术图则

依据建筑实测图纸，部分辅以三维建模，用技术图则方式解析刘少奇故居建筑的环境布局、平面布置、功能流线、围护结构、采光及通风等规划建筑诸元素。刘少奇故居技术图则详见图6-6至图6-20。

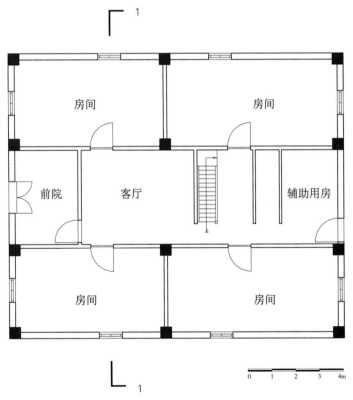

图6-7 一层平面图

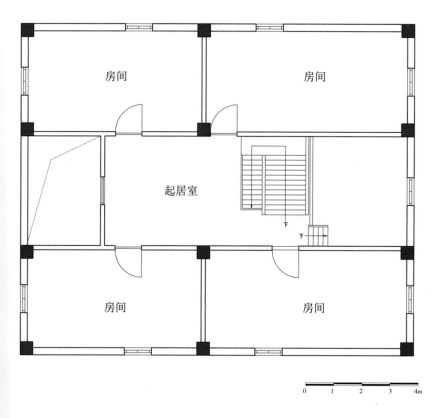

图6-8　二层平面图

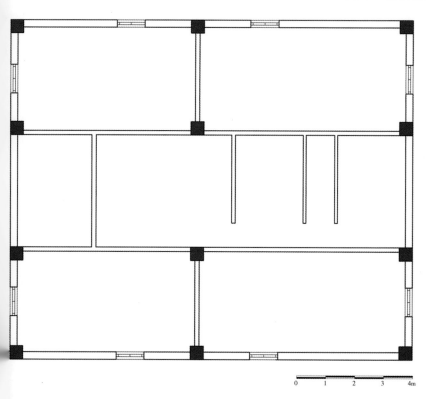

图6-9　结构分析

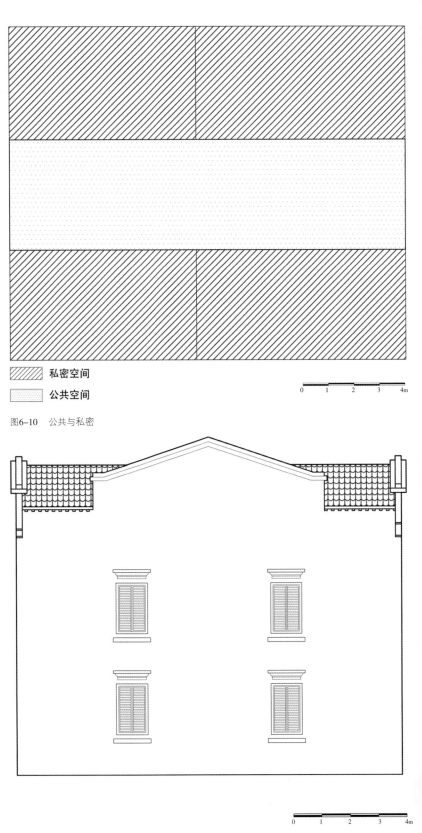

私密空间

公共空间

图6-10　公共与私密

图6-11　西立面图

◆ 建筑中轴对称，墙体面砖有花纹，门窗为硬木拼装，大门为石框门，造型平稳，比例严谨，简洁典雅，朴素大方。整座建筑通过开窗造型的不同，简洁而富有变化。

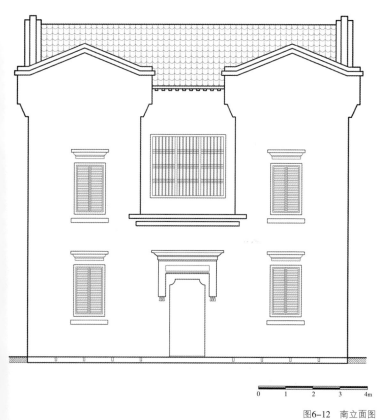

0 1 2 3 4m

图6-12 南立面图

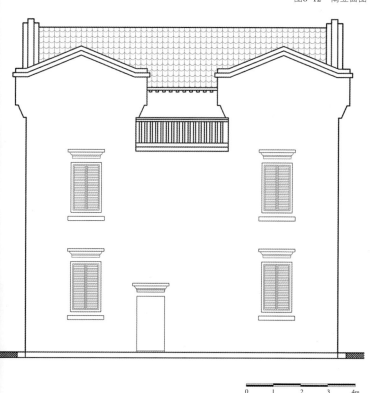

0 1 2 3 4m

图6-13 北立面图

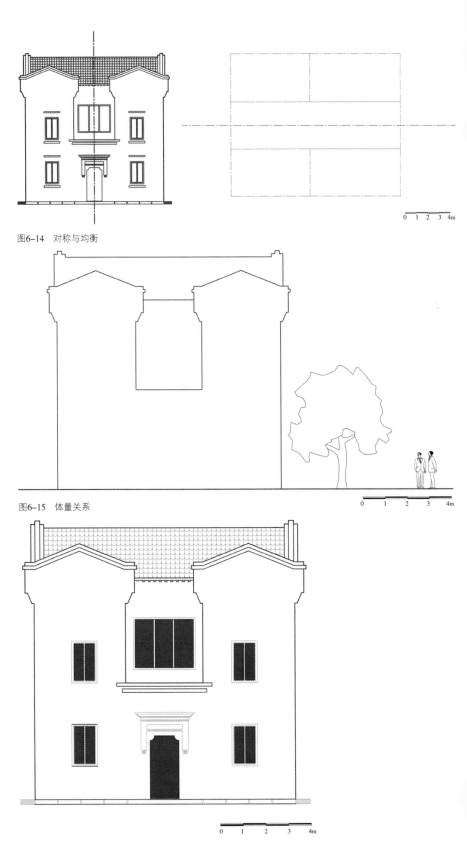

图6-14 对称与均衡

图6-15 体量关系

图6-16 立面凹凸

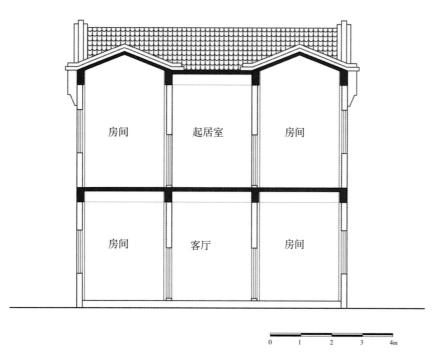

房间　　起居室　　房间

房间　　客厅　　房间

0 1 2 3 4m

图6-17 1-1剖面图

067

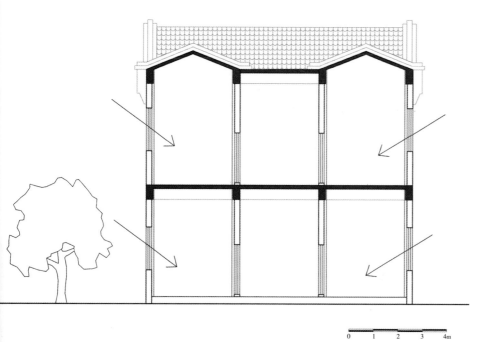

◆ 图6-18~图6-20：自然通风、采光以及视线的优先考虑主要在生活房间，尽量源于自然、和谐于环境，符合居住建筑的舒适与节能要求，也是以人为本理念的体现。这一点在我们现今的居住建筑设计中也是重点考虑的方向。

0 1 2 3 4m

图6-18 采光分析

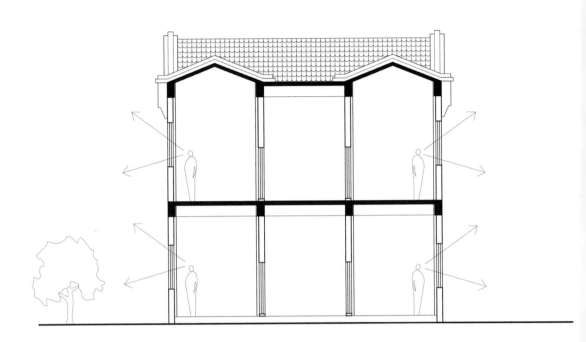

0   1   2   3   4m

图6-19 视线分析

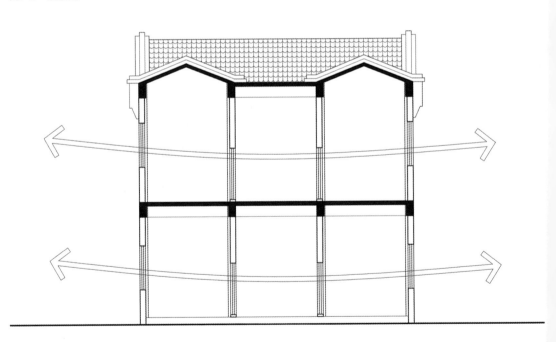

0   1   2   3   4m

图6-20 通风分析

07

第七章 郭沫若故居

武汉郭沫若故居位于武汉大学珞珈山山腰，背倚珞珈山，面朝东湖风景区，环境优美。建筑为三层单元式住宅楼，青砖红瓦白色粉刷栏杆，整体建筑风格清新、简洁，与自然环境相处和谐。

第一节　历史沿革

郭沫若故居历史沿革

时　间	事　件
1938年1月	郭沫若来到武汉出任国民政府军事委员会政治部第三厅厅长。
1938年1—4月	郭沫若居住在武汉大学珞珈山"十八栋"老别墅区，居住的房子为当时武汉大学张有桐教授的住房。
1938年10月	郭沫若离汉，结束了他与政治部三厅在武汉10个月的战斗。
现今	武汉郭沫若故居作为重要的历史建筑保护完好。

第二节　建筑概览

郭沫若（1892—1978年），出生于四川省乐山县铜河沙湾，毕业于日本九州帝国大学，是现代文学家、历史学家，也是新诗奠基人之一。

武汉郭沫若故居背山望水，第一层是佣人房和厨房，二、三层是客厅、书房以及卧室。山下即是东湖，山上就是珞珈山山顶，风景秀丽，环境优美。

郭沫若仅仅在武汉大学居住了4个月，这4个月一直处于紧张激烈的战争环境。郭沫若回忆，武汉大学是他一生居住过的地方中最难忘且最为满意的。

郭沫若故居建筑照片详见图7-1至图7-4。

图7-1　郭沫若故居透视图

图7-2　西立面实景图

图7-3　东立面实景图

图7-4　入口

第三节 技术图则

　　依据建筑实测图纸，部分辅以三维建模，用技术图则方式解析郭沫若故居建筑的环境布局、平面布置、功能流线、围护结构、采光及通风等规划建筑诸元素。郭沫若故居技术图则详见图7-5至图7-17。

072

◆　图7-5~图7-7：基地位于山坡，建筑充分考虑地形特征，设置地下层，在上下两层分别设置前后两个出入口，既能适应地形，又巧妙地解决生活与居住的流线，对山地居住建筑的设计具有借鉴意义。

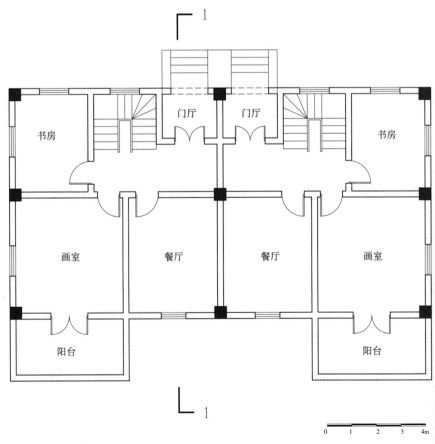

图7-5　一层平面图

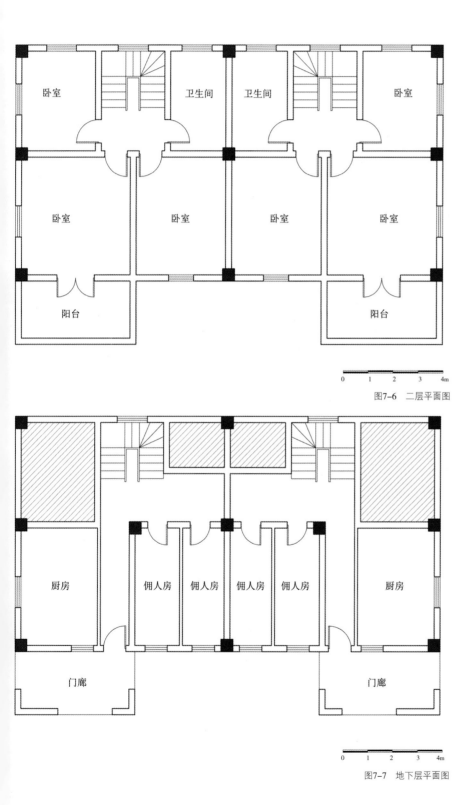

图7-6　二层平面图

图7-7　地下层平面图

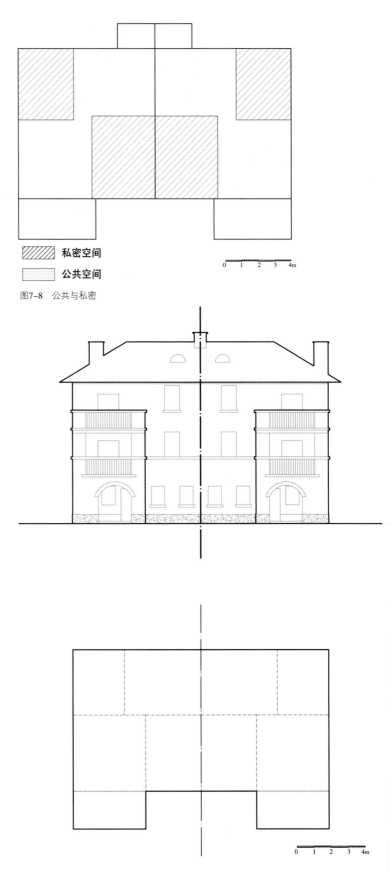

私密空间

公共空间

0 1 2 3 4m

图7-8 公共与私密

0 1 2 3 4m

图7-9 对称与均衡

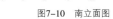

0　1　2　3　4m

图7-10　南立面图

075

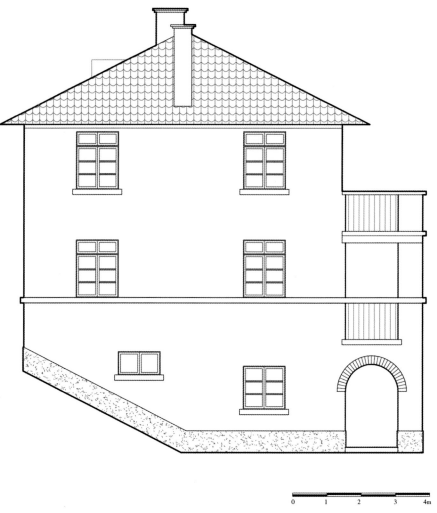

0　1　2　3　4m

图7-11　西立面图

076

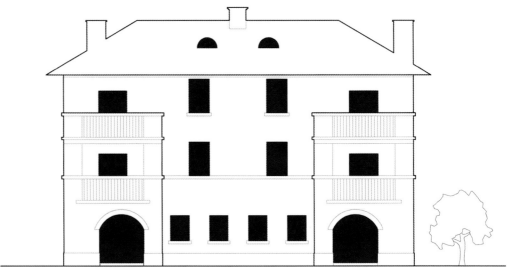

图7-12　立面凹凸

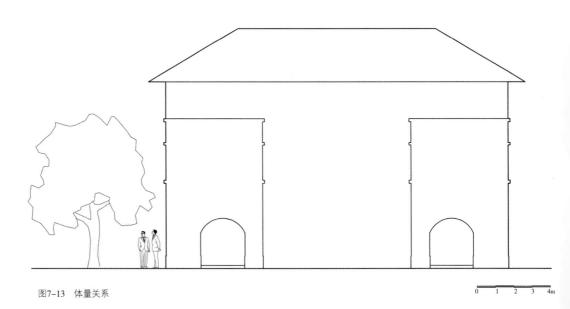

图7-13　体量关系

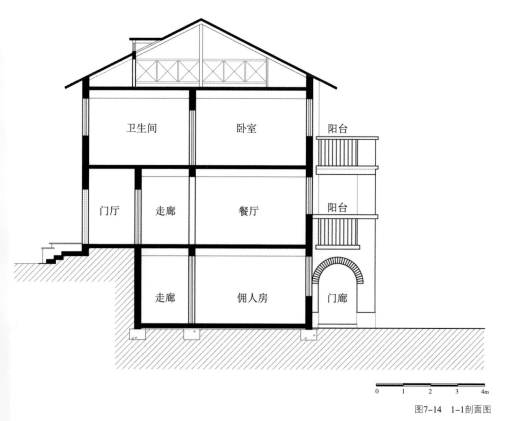

卫生间 卧室 阳台

门厅 走廊 餐厅 阳台

走廊 佣人房 门廊

0 1 2 3 4m

图7-14 1-1剖面图

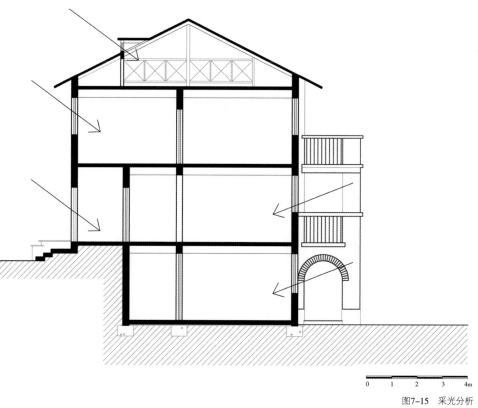

0 1 2 3 4m

图7-15 采光分析

◆ 结合地形，建筑倚山望湖，在朝向湖面设置露台、阳台，丰富立面凹凸效果的同时，又能提升居住建筑的生活品质，对我们现今的居住建筑设计具有学习启发意义。

078

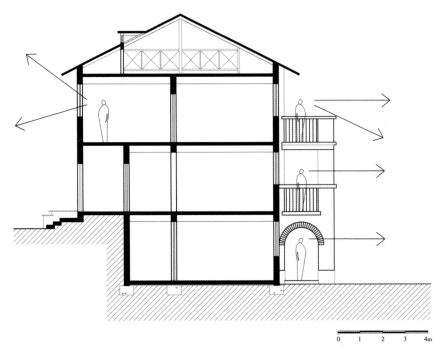

图7-16 视线分析

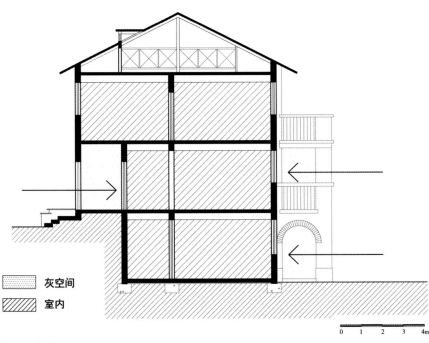

灰空间

室内

图7-17 灰空间

第八章

08

第八章

第八章 钱基博故居

钱基博故居位于今湖北美术学院校园内，建于1935年，两层砖木结构楼房，青砖清水墙面，是折衷主义风格的美国花园别墅式住宅，总建筑面积为630m²。

第一节　历史沿革

钱基博故居历史沿革

时 间	事 件
1935年	私立武昌文华大学买下了这里的官地，建了多栋两层楼房，作为教授公寓，"朴园"是其中之一。
1946—1957年	钱锺书的父亲钱基博老先生，居住在这幢公寓的楼上，度过了他人生的最后岁月。
2000年	湖北美院大兴土木，老房子都被拆了。在陈顺安以及其他几个老师的倡议和保护下，"朴园"得以保存下来。
2002年	建筑进行维修，内改石板铺地，内外墙装饰更新。
2005年	在武汉市政府公布的第二批优秀历史建筑目录中，钱基博故居被评定为一级保护建筑项目。

第二节　建筑概览

钱基博，字子泉，江苏无锡人，是我国著名的古文学家、国学教育家。历任无锡师范、清华大学、上海圣约翰大学、上海光华大学、浙江大学、湖南蓝田师范、武昌私立华中大学、华中师大等校教授，著作多达20余部。

钱基博故居建筑坐西朝东，为了弥补朝向的缺陷，窗子都开得不大，大部分都为长条状的方窗，避免了阳光的直射，又满足了充足的采光要求。入口为突出的门厅，大门为拱形木门，楼上为一大露台。立面屋顶是坡顶，设有老虎窗。整栋建筑隐藏在树木中，白色的墙面若隐若现，相互映衬，更加突出建筑的静谧、优雅。现今的钱基博故居成为了湖北美术学院环境艺术研究所，钱基博的书房以咖啡沙龙的形式延续了它的人文气息。

钱基博故居建筑照片详见图8-1至图8-7。

图8-1　钱基博故居透视实景图　　　　　　　　　　　　　　　　　　　图8-2　钱基博故居南立面实景图

图8-3　钱基博故居北立面实景图　　　　　　　　　　　　　　　　　　　图8-4　入口大门

◆ 建筑入口结合台阶以及门廊、柱的设计来强调建筑的主次与中心。精美雅致的廊柱的细部设计与刻画则能为入口形象与建筑整体氛围的形成起到一定作用，同时还能形成一个过渡空间。

图8-5 窗户

图8-6 门廊

图8-7 建筑细部

第三节 技术图则

依据建筑实测图纸，部分辅以三维建模，用技术图则方式解析钱基博故居建筑的环境布局、平面布置、功能流线、围护结构、采光及通风等规划建筑诸元素。钱基博故居技术图则详见图8-8至图8-13。

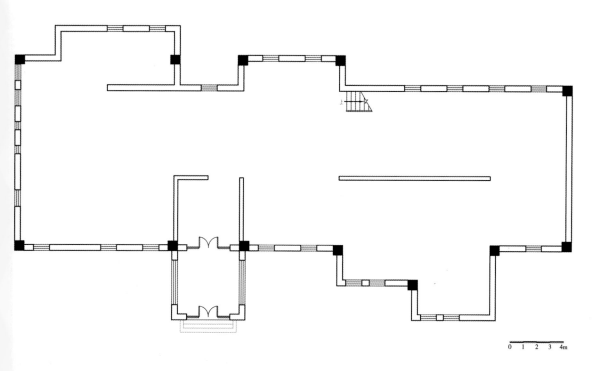

0 1 2 3 4m

图8-8 一层平面图

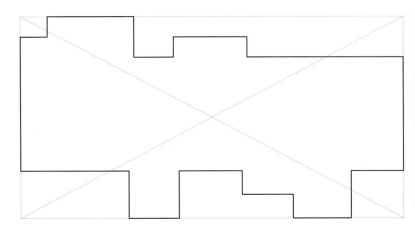

图8-9　几何关系

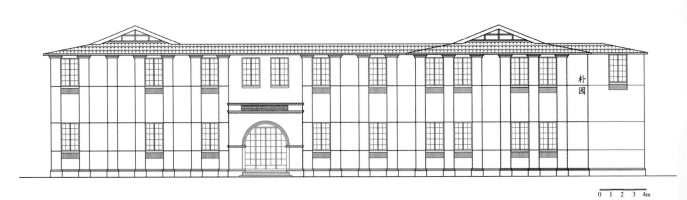

图8-10　东立面图

◆ 建筑侧立面简洁，通过壁柱强调形体感和线条感，结合长条形窗户以及装饰线条的互相映衬，突出建筑的竖向构图。这对于现今公共建筑以及住宅楼的建筑设计中的山墙面处理仍然具有启示和借鉴作用。

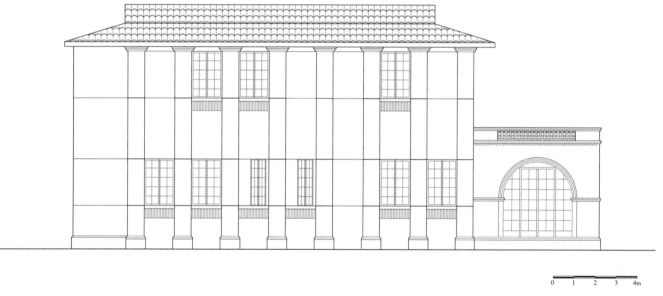

0 1 2 3 4m

图8-11 南立面图

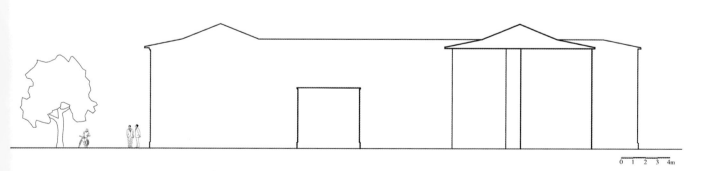

0 1 2 3 4m

图8-12 体量关系

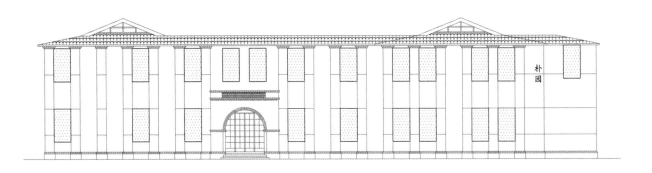

武汉
近代公馆·别墅·故居建筑

0 1 2 3 4m

图8-13 韵律

09

第九章

第九章 詹天佑故居

詹天佑故居位于湖北省武汉市江岸区洞庭街51号（原汉口俄租界俄哈路9号）。建筑建于1912年，两层砖木结构，在詹天佑任汉粤川铁路会办兼总工程师期间由他本人亲自设计监造，建筑单位不详。

第一节 历史沿革

詹天佑故居历史沿革

时 间	事 件
1912年	詹天佑故居建成，两层砖木结构，由詹天佑本人亲自设计监造。 图9-1 詹天佑和子女在武汉故居前的合影(图片来自詹天佑嫡孙捐赠百年老照片)
1919年	詹天佑在汉口病逝，第二年，詹夫人带着孩子离开了汉口，房子归属一个比利时人。
1937—1938年	日本飞机轰炸武汉，死伤惨重，众多建筑损毁。在大轰炸期间，这所房子临时充当了战时急救中心。
1949年	武汉解放，曾经在汉口居住的外籍侨民陆续离开中国，居住在这里的比利时人也不例外。这幢小洋楼被湖北省政府从比利时人手里赎回，并分配给湖北省五金矿产进出口公司作为职工宿舍。
1992年	武汉市人民政府将该建筑内居民迁出并进行维修，恢复原貌。
1993年1月	建立詹天佑故居陈列馆，1993年4月26日正式对外开放。
1995年	列为武汉市青少年爱国主义教育基地。
2001年	詹天佑故居作为近现代重要史迹及代表性建筑，被国务院批准列入第五批全国重点文物保护单位名单。

第二节　建筑概览

詹天佑（1861年4月26日—1919年4月24日），字达朝，号眷诚，生于广东省南海县，祖籍江西婺源。12岁留学美国，1878年考入耶鲁大学土木工程系，主修铁路工程。詹天佑是我国近代史上的科技界先驱，杰出的爱国工程师，主持建设了京张、川汉、粤汉等我国的早期铁路工程。他被誉为"中国铁路之父"和"中国近代工程之父"。

詹天佑故居建筑面积920m²，前庭后院式布局，建筑外面有一院墙，从院墙进入到庭院，隔离了街道的喧闹，使之成为一个闹中取静的典型独立式庭院住宅。建筑东、南、西三面环以回廊，东立面的回廊采用券柱式，南面与西面则用廊庑。入口处有6级八字形石台阶，主立面为对称的三段式构图，大门与走廊均位于建筑正中间，呈内走廊布局。在走廊的两侧各有3间大小不等的房间。一楼主要为詹天佑的工作室，二楼主要为詹天佑妻儿的卧室与起居室。建筑顶部为红瓦四面坡屋面，设有老虎窗与阁楼。

1993年，湖北省政府向湖北省五金矿业公司收回小楼，筹办詹天佑故居陈列室。这里成为了武汉市第一家科技名人纪念馆，詹天佑故居因此对外正式开放展览。同时在故居内设武汉市文物管理办公室。詹天佑故居陈列室分为原状陈列和辅助陈列两个部分。原状陈列主要以恢复再现为主，恢复一楼的詹天佑工作室，再现当年詹天佑在此工作和学习的情况。一楼辅助陈列的主题为"杰出的爱国工程师詹天佑"，共有四个部分，介绍了詹天佑的生平事迹。

2001年，詹天佑故居因其重要的历史价值与美学价值，被国务院批准列入第五批全国重点文物保护单位名单。

詹天佑故居建筑照片详见图9-2至图9-7。

图9-2　詹天佑故居透视实景图

图9-3　詹天佑故居东立面实景图

图9-4　詹天佑故居南立面实景图

图9-5 室内（二层走廊）

图9-6 一层室内楼梯

图9-7 建筑细部组图

第三节 技术图则

依据建筑实测图纸，部分辅以三维建模，用技术图则方式解析詹天佑故居建筑的环境布局、平面布置、功能流线、围护结构、采光及通风等规划建筑诸元素。詹天佑故居建筑技术图则详见图9-8至图9-27。

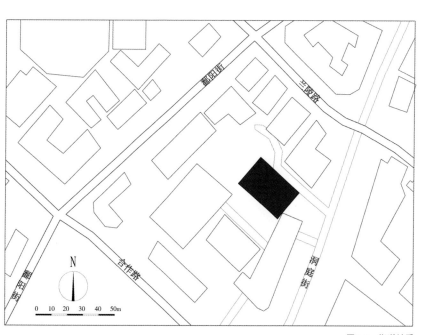

图9-8 街道关系

◆ 图9-9，图9-10：一层为公共活动空间，二层是较为私密的生活居住空间，考虑了公共活动与生活居住私密空间的分隔，符合居住建筑便捷、舒适的要求。

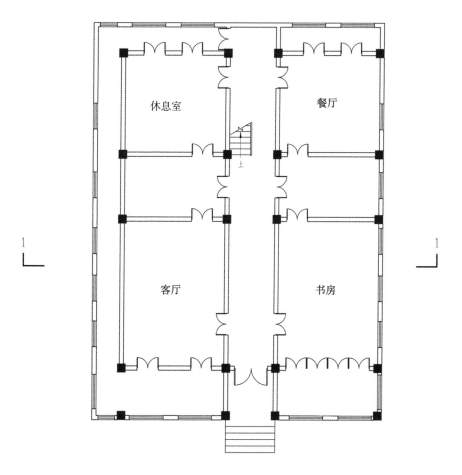

图9-9 一层平面图

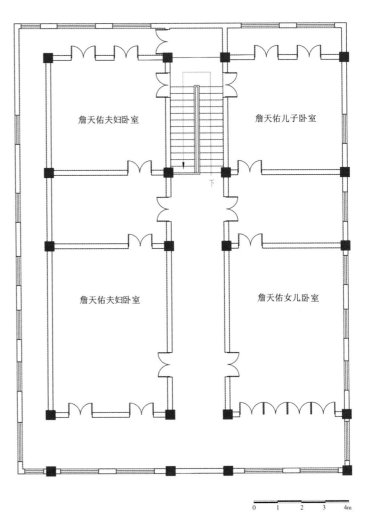

图9-10 二层平面图

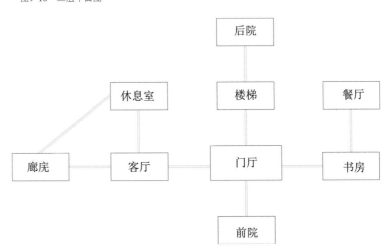

图9-11 功能分析图

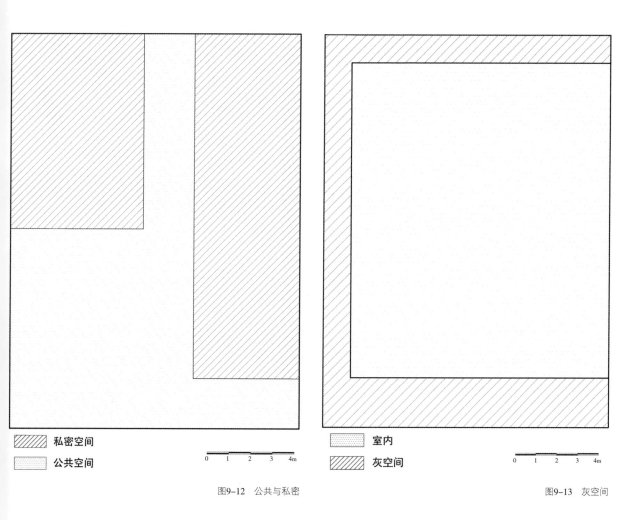

私密空间

公共空间

0 1 2 3 4m

图9-12 公共与私密

室内

灰空间

0 1 2 3 4m

图9-13 灰空间

图9-14 东立面图

图9-15 北立面图

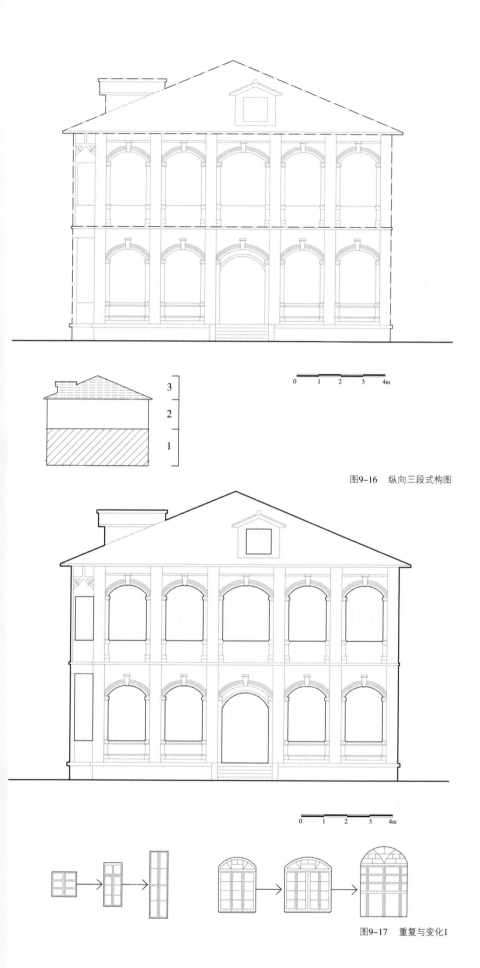

图9-16　纵向三段式构图

图9-17　重复与变化1

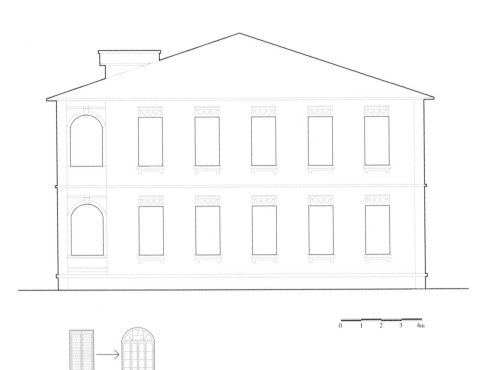

图9-18 重复与变化2

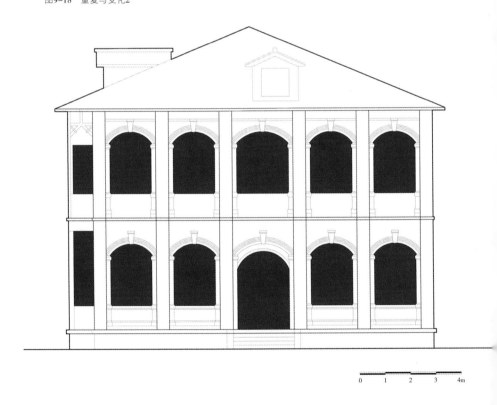

图9-19 立面凹凸

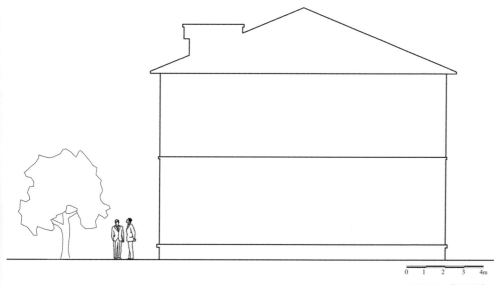

图9-20 体量关系

097

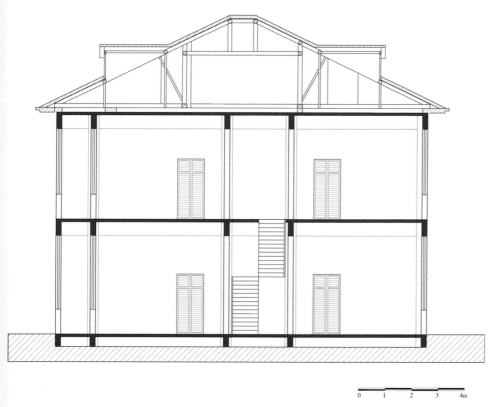

图9-21 1-1剖面图

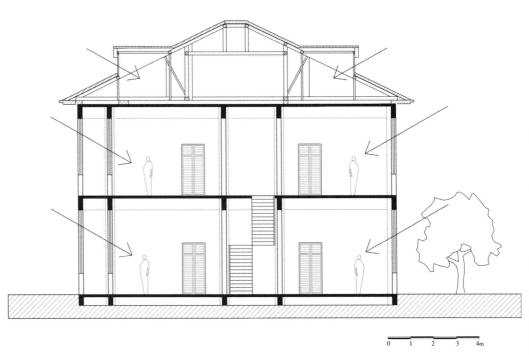

图9-22　采光分析

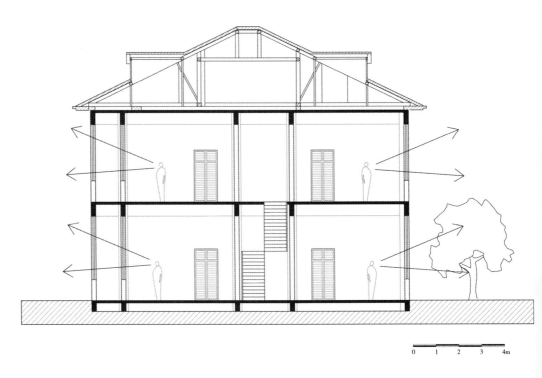

图9-23　视线分析

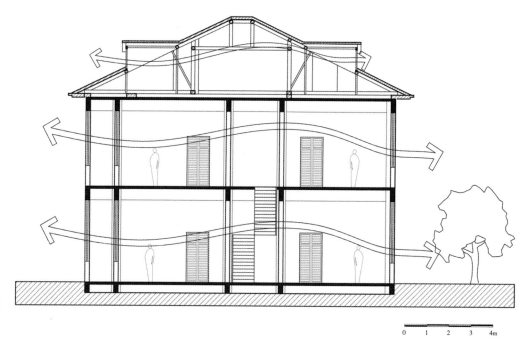

图9-24　通风分析

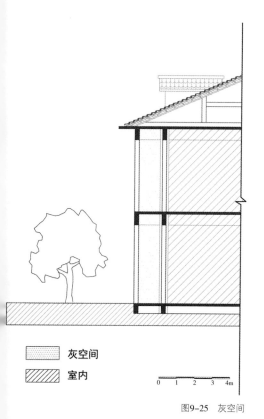

灰空间

室内

图9-25　灰空间

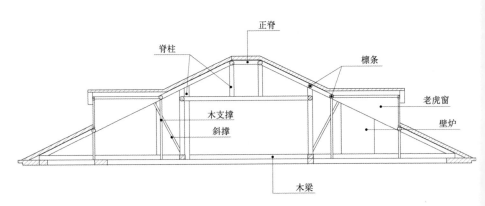

图9-26　屋顶构造

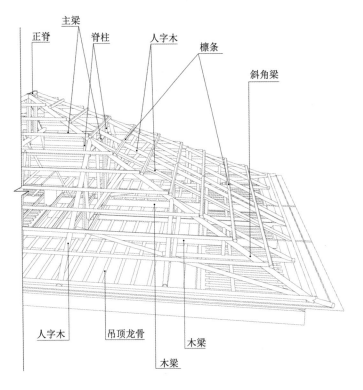

图9-27　屋顶构造示意图

10

第十章 冯玉祥故居

武汉冯玉祥故居位于武昌千家街的8号大院内。故居为西式洋房，坐北朝南，两层砖木结构，于1926年建成，建筑面积1338m²。冯玉祥于1937年11月到1938年9月在此居住。现今武汉冯玉祥故居经过修缮，作为武汉市化学工业研究所有限责任公司办公楼。

第一节 历史沿革

冯玉祥故居历史沿革

时 间	事 件
1926年	冯玉祥故居建成，建造施工者不详，当时这里是基督教英国循道会武昌千家街福音堂堂区的教牧人员住宅楼。
1937年	冯玉祥作为基督教循道会的著名教友来到这栋教牧人员住宅楼居住。
1938年	日本飞机的炸弹落在武昌千家街福音堂的院墙外，而冯玉祥与家人当时正躲在院墙内的防空洞里，因而幸免于难。为确保安全，冯玉祥全家搬到了武昌东湖边的六合村。
1938年10月	武汉沦陷前夕，冯玉祥及家人离开东湖六合村前往重庆。
2007年	在民间文物保护专家刘谦定的呼吁奔走下，这座原本要倒在开发商推土机下的老建筑被保留了下来。 图10-1 亟待保护的冯玉祥故居（图片来源于网页）
2009年	建筑开始修缮。修缮完毕后，被武汉市化学工业研究所有限责任公司当作办公楼使用至今。

第二节 建筑概览

冯玉祥（1882—1948年），字焕章，原名基善，生于直隶青县（今属河北省沧州市），中国国民革命军陆军一级上将。曾获得过国民政府抗战青天白日勋章、美国总统二战银质自由勋章、国民政府首批抗战胜利勋章等三大抗战勋章，功绩卓越。

武汉冯玉祥故居建筑平面为三面围合院落式布局，主入口位于正中间，因此门前形成一个半开敞的院落。院落两侧的建筑另开门，可供出入。建筑南面建有圆拱券走马廊，建筑立面上勒脚与腰线采用花岗岩砌筑，简洁有层次。建筑一层部分开拱形窗洞，二层为长方形窗洞，窗框刷红色的油漆，与屋顶的红瓦交相辉映，和谐自然。

冯玉祥故居建筑照片详见图10-2至图10-6。

图10-2 冯玉祥故居透视实景图

图10-3 冯玉祥故居南立面实景图

图10-4 冯玉祥故居东立面实景图

103

图10-5　次入口

图10-6　一层窗户

第三节 技术图则

依据建筑实测图纸，部分辅以三维建模，用技术图则方式解析冯玉祥故居建筑的环境布局、平面布置、功能流线、围护结构、采光及通风等规划建筑诸元素。冯玉祥故居技术图则详见图10-7至图10-20。

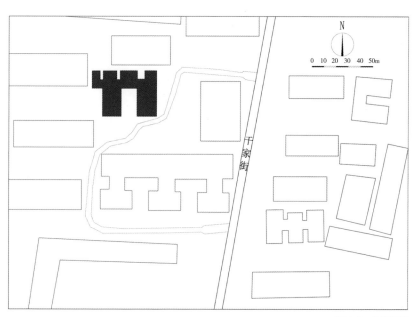

图10-7 街道关系

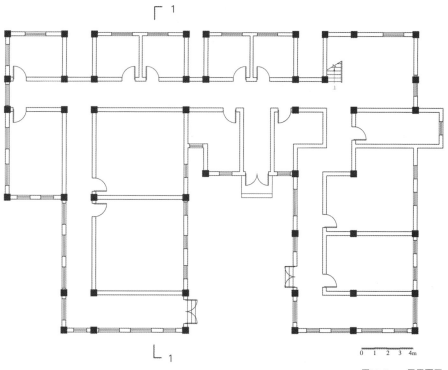

图10-8 一层平面图

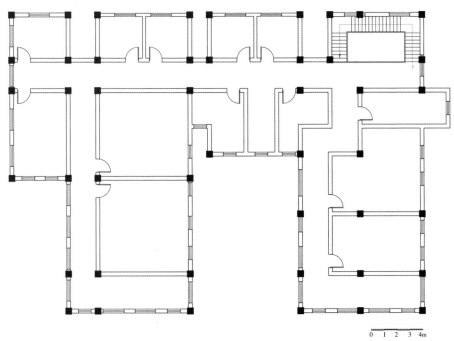

图10-9 二层平面图

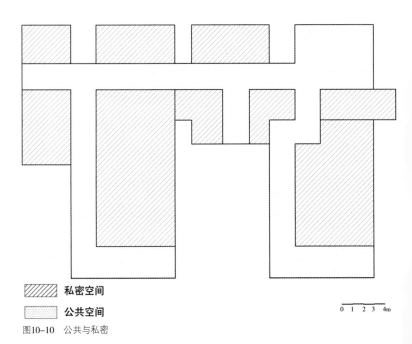

私密空间

公共空间

图10-10 公共与私密

◆　重复与变化的设计手法是冯玉祥故居平面设计中最值得称赞的地方。建筑整体呈长方形，通过对方形体块的推拉、削切，组合成新的平面形态。在有利于功能布局和满足采光要求的同时，形成了凹凸的丰富立面。

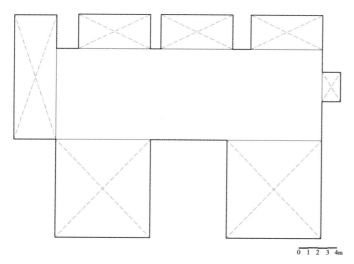

0　1　2　3　4m

图10-11　空间的重复与变化

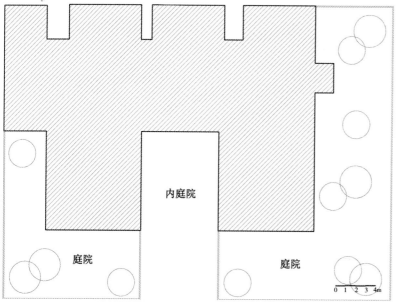

内庭院

庭院

庭院

0　1　2　3　4m

图10-12　院落组合

图10-13　南立面图

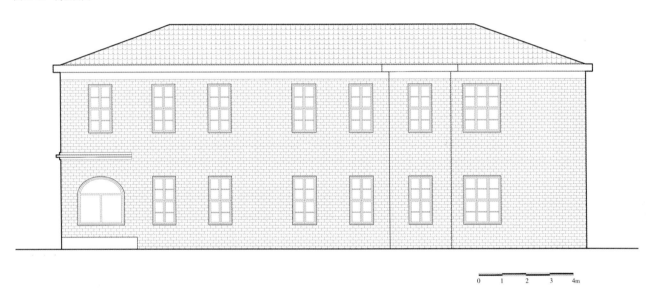

图10-14　东立面图

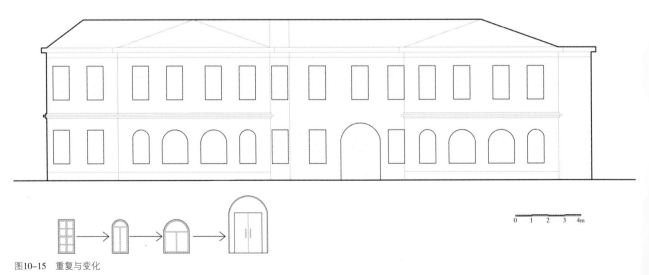

图10-15　重复与变化

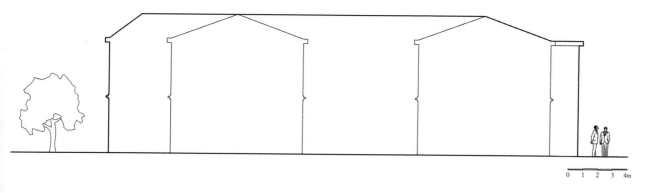

图10-16　体量关系

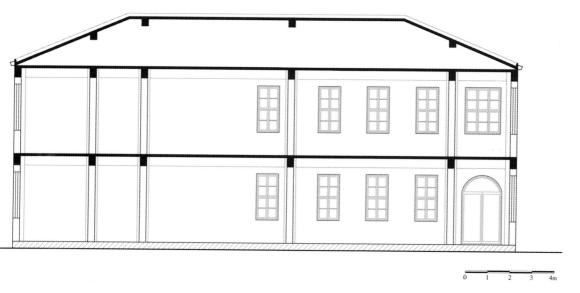

图10-17　1-1剖面图

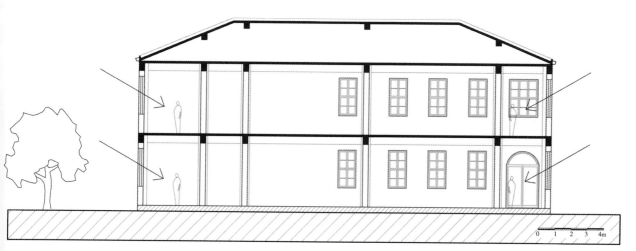

图10-18　采光分析

110

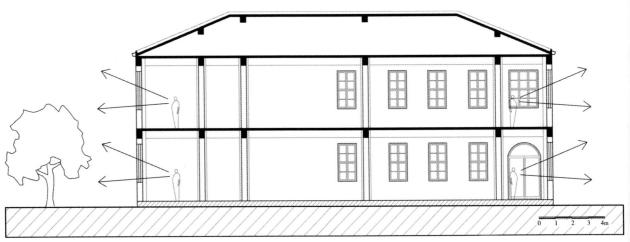

图10-19 视线分析

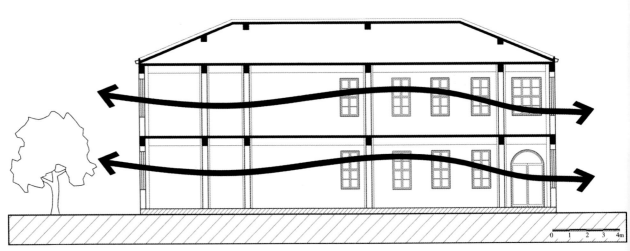

近代公馆·别墅·故居建筑

图10-20 通风分析

第十一章

11

第十一章

第十一章 李凡诺夫公馆

李凡诺夫公馆位于汉口洞庭街88号，建于1902年，为俄国茶叶商人李凡诺夫的住宅。三层砖木结构，清水红砖立面，面积约670m²，整体建筑风格具有典型的俄罗斯民居特色。

第一节　历史沿革

李凡诺夫公馆历史沿革

时 间	事 件
1863年	李凡诺夫在湖北赤壁羊楼洞建立顺丰砖茶厂。
1902年	李凡诺夫公馆建成。
1902—1919年	李凡诺夫一家曾在此居住。
1917年	俄国发生十月革命，中俄交通一度中断，汉口茶叶出口陷入混乱。苏联对华茶的进口采取关税壁垒政策，同时鼓励本国植茶，大大减少了茶叶的进口，汉口茶市从此一蹶不振。靠中俄茶叶生意发家致富的李凡诺夫，关闭砖茶厂，举家离开中国。
19世纪90年代	建筑右边部分改成别克·乔治酒吧，在武汉红极一时。
2007年	著名画家冷军相中了这个极具欧洲艺术气质的老建筑，将其租下改造成画室。遵照原来的设计风格与布局，一楼改成了一个名叫"1903"的艺术会所；二楼是作品展厅；三楼是画室。

第二节　建筑概览

李凡诺夫，俄国人，汉口开埠后，来汉口开设顺丰洋行，经营茶叶。除大量收购中国茶叶远销俄国外，还监制砖茶。清同治二年（1863年），开设顺丰砖茶厂。

李凡诺夫公馆的建成在租界内兴起了一场建房潮。1902—1919年，俄国茶商李凡诺夫一家居住于此。建筑外墙为清水红砖，红瓦坡屋顶，内部装饰采用了丰富的俄罗斯民间处理手法。建筑立面设计活泼跳跃，其左端建有八角形红瓦尖塔一座，采用了拜占庭东正教堂表现式样，这是俄式民居建筑最显著的特征。由于东方文化的渗入，加上各式欧式建筑与传统形式融合其间，使得该建筑具有一

图11-1 李凡洛夫公馆透视实景图

种非常有趣的形态：建筑底层设有拜占庭风格的砖石拱券，二层外走廊设计明显融入了东方建筑艺术的元素，三层封闭式阳台又强调了俄罗斯严寒地区的建筑特点。

历经百年，李凡诺夫公馆至今还十分坚固，不仅主体基础，砖石结构，楼内门扇、地板及木质楼梯等都还可以照常使用。建筑细节的精美、考究令人惊叹。虽百年已逝，但老房子风韵犹存。

李凡诺夫公馆建筑照片详见图11-1至图11-4。

图11-2 建筑主入口

图11-3 建筑细部（1）

图11-4 建筑细部（2）

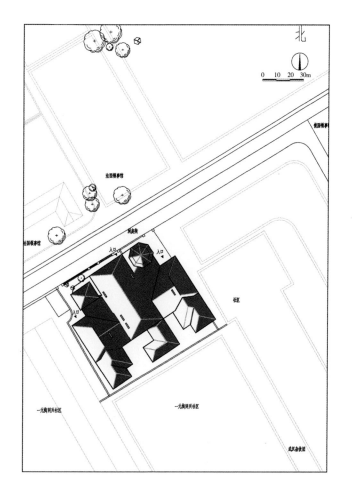

图11-5　街道关系

第三节　技术图则

依据建筑实测图纸，部分辅以三维建模，用技术图则方式解析李凡诺夫公馆建筑的环境布局、平面布置、功能流线、围护结构、采光及通风等规划建筑诸元素。李凡诺夫公馆技术图则详见图11-5至图11-21。

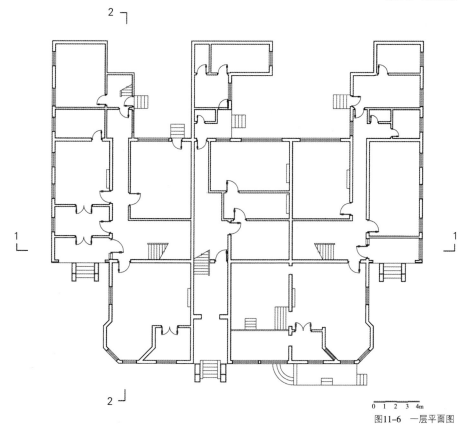

0 1 2 3 4m

图11-6　一层平面图

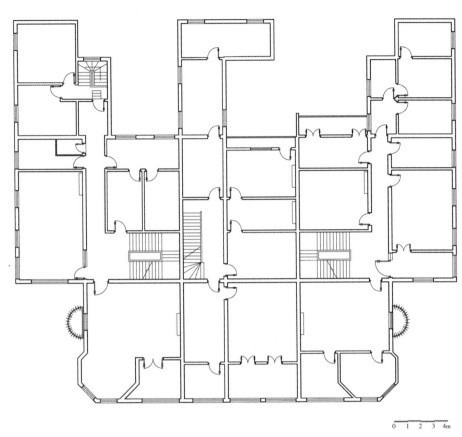

0 1 2 3 4m

图11-7　二层平面图

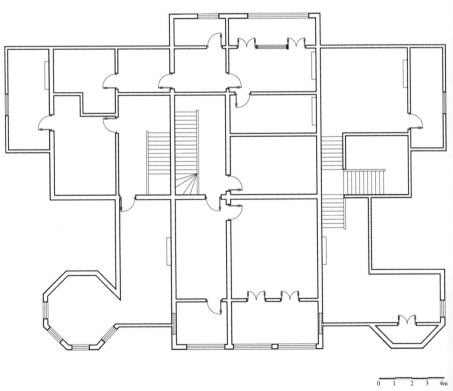

武汉
近代公馆·别墅·故居建筑

0 1 2 3 4m

图11-8　三层平面图

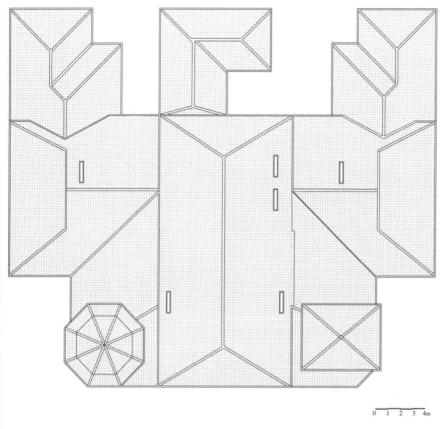

0 1 2 3 4m

图11-9　屋面平面图

0 1 2 3 4m

图11-10　北立面图

◆　李凡诺夫公馆具有典型的俄罗斯建筑艺术风格，屋顶多边形尖塔、拱形窗洞，立面红砖砌筑。

图11-11 南立面图

0 1 2 3 4m

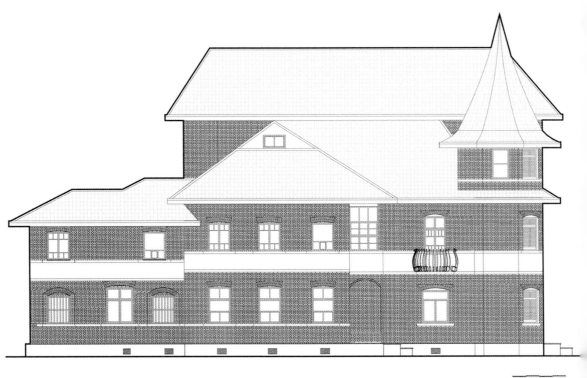

图11-12 东立面图

0 1 2 3 4m

0 1 2 3 4m

图11-13 西立面图

0 1 2 3 4m

图11-14 体量关系

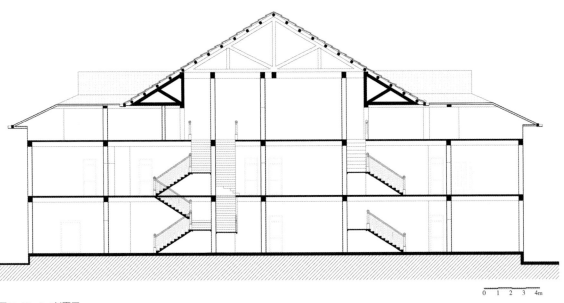

图11-15　1-1剖面图

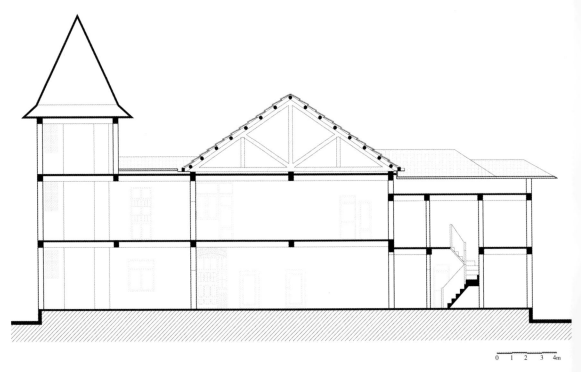

图11-16　2-2剖面图

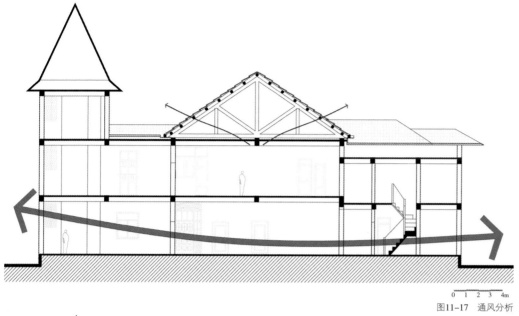

图11-17　通风分析

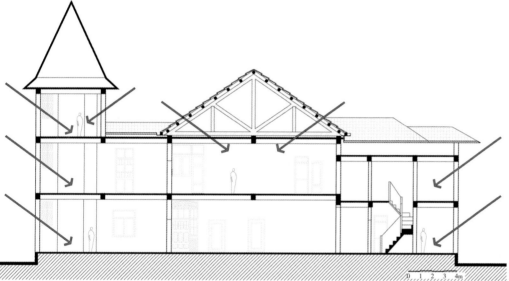

图11-18　采光分析

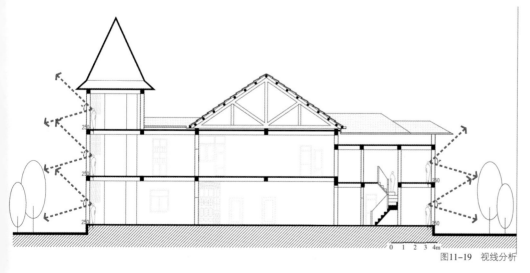

图11-19　视线分析

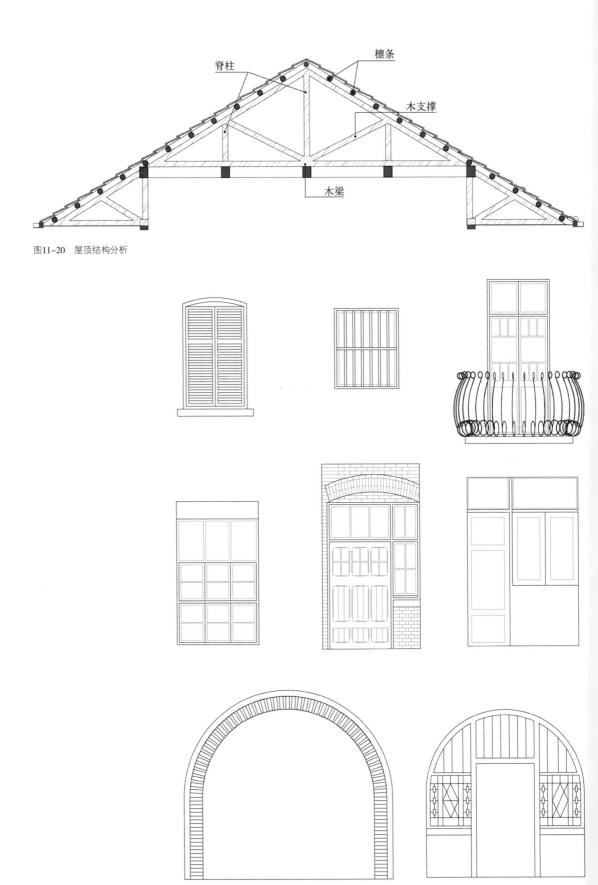

脊柱

檩条

木支撑

木梁

图11-20 屋顶结构分析

图11-21 门窗大样

12

第十二章

第十二章 唐生智公馆

唐生智公馆位于武汉市胜利街183号，于1903年建造，属新古典主义风格，建筑平面规矩方正，主楼三层，建筑面积大约800m²，立面中轴对称。

第一节 历史沿革

唐生智公馆历史沿革

时 间	事 件
1903年	唐生智公馆建造，位于胜利街183号，设计施工者不详。
1926年	唐生智入武汉不久，即于汉口旧俄租界中心繁华地段买下该处大宅为私人公馆，以供经年累月长途征战鞍马劳顿间的休息地。
1926—1927年	唐生智在此居住，史料上称为"四民街唐宅"。
1993年	唐生智公馆被武汉市人民政府公布为二级保留历史建筑。
2001年	唐生智公馆被一座紧贴屋子大门建起来的简易的房子完全给遮住了。
2002—2003年	武汉凯威啤酒屋有限责任公司出资对公馆进行了修复，恢复了当年馆舍门前的庭院，古典式老建筑内外整修一新，屋顶左右两侧的白色弯式双塔在阳光下夺目耀眼。 图12-1 修缮后的唐生智公馆（图片来源于网页）
2015年	唐生智公馆建筑进行内外整修，即将作为博物馆开放。

第二节　建筑概览

唐生智（1889—1970年），中华民国陆军一级上将，湖南省永州市东安县人。毕业于保定陆军军官学校，历经中华民国建国到解放战争时期，指挥过多场爱国保卫战。建国后曾任全国人民代表大会第二、第三届常务委员，政协全国委员会第一届委员，中国国民党革命委员会中央常务委员等职。

唐生智公馆屋顶左右两边各有一座罗马式穹顶塔楼，十分独特。外墙用水泥粉刷成凸凹块面，白色的涂层使整栋建筑明亮耀眼。建筑平面规矩方正，主楼三层，从室外往上1级台阶就到达门廊，廊檐以4根粗壮的罗马立柱支撑，门框和窗框都为四方直角式。正面全屏大块玻璃墙，为2002年重新修建。正立面为横三段、竖三段式构图，突出的屋檐下、楼正面一层与二层的分界、墙面等处，都塑有凸起的形态各异的花饰，严肃方正的整体风格中掺杂一点巴洛克的华丽。主活动区位于正中部，一层的大客厅为主人举办私人宴会及舞会的场所，轩敞空阔。一层的楼梯位于大厅左右两侧，二楼、三楼为客卧、主卧、起居室和儿童房。

因胜利街在20世纪初分属于五国租界区，俄租界所属的这一街段旧名"四民街"，因而这里又称为"汉口四民街唐宅"，具有较高的建筑艺术价值。如今的唐生智公馆建筑正在进行内外整修，即将作为博物馆开放。

唐生智公馆建筑照片详见图12-2至图12-6。

图12-2　唐生智故居透视实景图

图12-3　唐生智故居东立面实景图

图12-4　唐生智故居南立面实景图

图12-5　柱子细部

图12-6　窗户

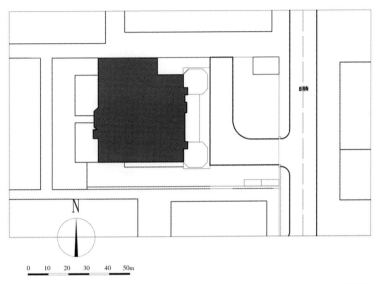

图12-7 街道关系

第三节 技术图则

依据建筑实测图纸，部分辅以三维建模，用技术图则方式解析唐生智公馆建筑的环境布局、平面布置、功能流线、围护结构、采光及通风等规划建筑诸元素。唐生智公馆技术图则详见图12-7至图12-19。

127

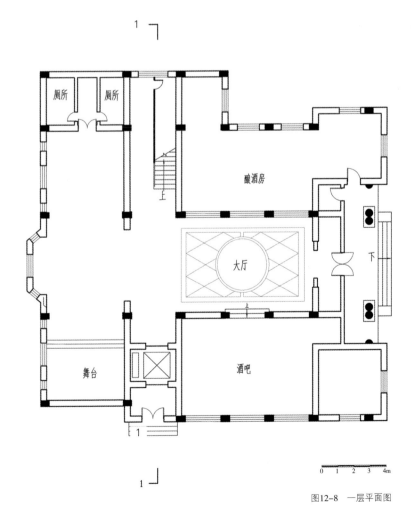

图12-8 一层平面图

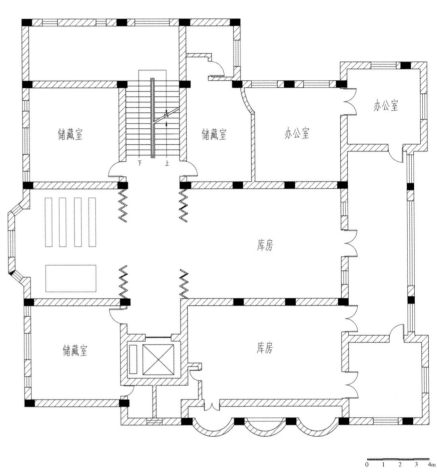

图12-9　二层平面图

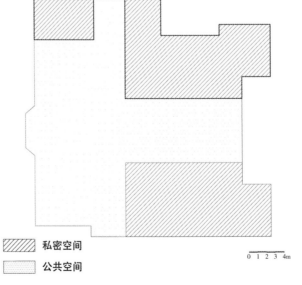

图12-10　公共与私密

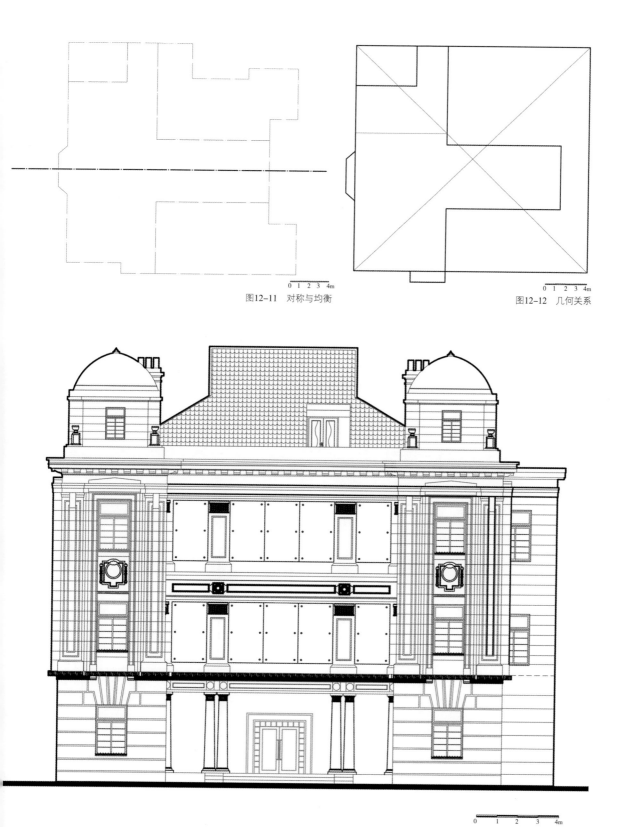

图12-11　对称与均衡

图12-12　几何关系

图12-13　东立面图

图12-14 西立面图

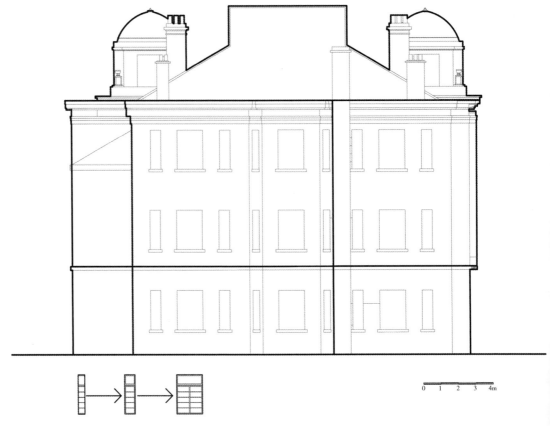

图12-15 重复与变化

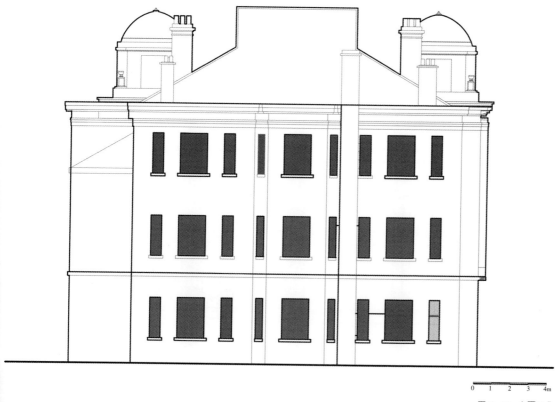

0　1　2　3　4m

图12-16　立面凹凸

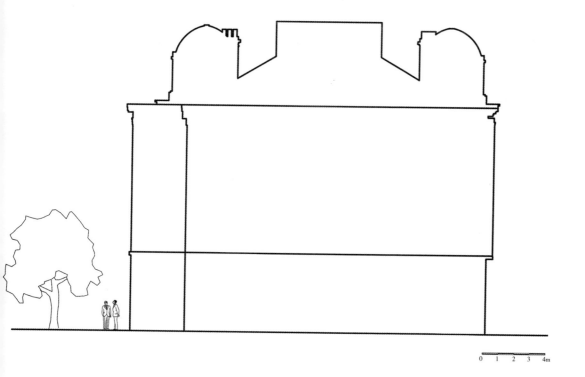

0　1　2　3　4m

图12-17　体量关系

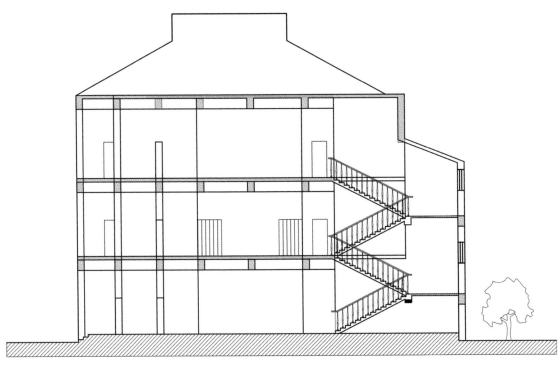

图12-18 1-1剖面图

0 1 2 3 4m

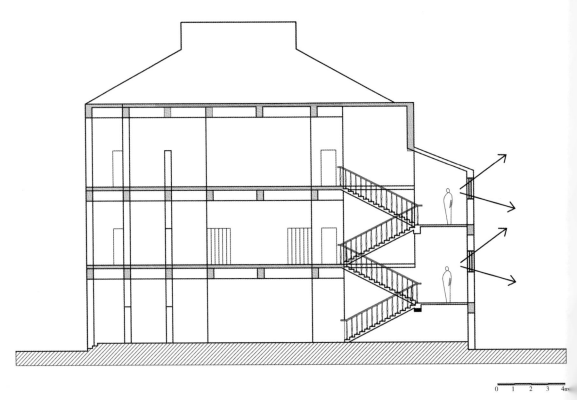

图12-19 视线分析

0 1 2 3 4m

第十三章

13
第十三章

第十三章 萧耀南公馆

萧耀南公馆位于汉口中山大道913号，建筑为砖木结构，设计者不详，由罗万顺营造厂施工。建筑形体方正，红瓦坡屋顶。公馆地处当年法租界内，现在处于汉口闹市中心、三岔路口，优越的地理位置使得这栋建筑的价值愈显不菲。

第一节 历史沿革

肖耀南公馆历史沿革

时 间	事 件
1925年	萧耀南在现址汉口中山大道913号修建了一处公馆，因其毗邻昌年里，汉口人称之为"昌年里萧公馆"。
1949年	萧耀南公馆产权归属武汉市政府，为武汉市江岸区车站路街办事处办公楼。
1993年	萧耀南公馆被武汉市人民政府公布为优秀历史建筑。
2001年	建筑一楼临街房间全部租出作为商家店铺，为了生产和生意的需要，墙壁上肆意开窗打洞，原有门窗被拆得七零八落，住房结构破坏非常严重，只是整体建筑格局依然保留。图13-1 沿街改为商铺的肖耀南公馆（图片来源《大武汉旧影》）
2003年	老建筑内外修葺一新，曾经租占楼房底层的商铺已经全部迁走，一楼和二楼都成为了汉口车站路街办事处的办公用房。
2014年	萧耀南公馆经改造后出租给了某影楼。

图13-2　萧耀南公馆建筑透视实景图

第二节　建筑概览

萧耀南（1875—1926年），字珩珊、衡山，1875年出生于黄冈县孔埠镇萧家大湾（今属武汉市新洲区）。北洋政府时期，历任第二十五师师长、湖北督军、两湖巡阅使、湖北省省长等职。

萧耀南公馆外墙立面涂层原来为深灰色、白色相间，后经修葺后立面颜色改为红褐色。沿街立面有拱券门窗，门框及窗框均为朱红油漆，屋檐与墙面交接处有水泥塑成的凸形花饰。公馆正面设有券廊，两侧突出的耳房和多边形转角，使之颇具欧式建筑的典雅之感。建筑内部的木楼梯建造得相当有特色，表面为朱红漆，鲜亮依旧，在楼梯的扶手立柱上刻着宝塔状雕花，时至今日依然精致生动。1926年萧耀南病死于武昌。他留下的这栋萧耀南公馆历经岁月沧桑，承载了他与家人的故事，也记录了新中国成立后汉口变迁的历史。

萧耀南公馆建筑照片详见图13-2至图13-9。

图13-3　萧耀南公馆南立面实景图

图13-4　萧耀南公馆西立面实景图

图13-5　建筑局部实景图（1）

图13-6　建筑局部实景图（2）

图13-7　建筑局部实景图（3）

图13-8　建筑入口

图13-9　建筑室内实景图

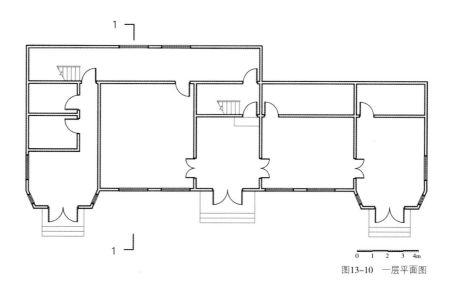

0　1　2　3　4m

图13-10　一层平面图

第三节　技术图则

依据建筑实测图纸，部分辅以三维建模，用技术图则方式解析肖耀南公馆建筑的环境布局、平面布置、功能流线、围护结构、采光及通风等规划建筑诸元素。肖耀南公馆技术图则详见图13-10至图13-21。

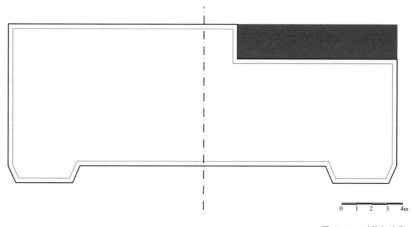

0　1　2　3　4m

图13-11　对称与均衡

◆　平面流线分明，主次入口相互分区明确，但又互相串联组合成一个有序的空间。同时也很有利于这种沿街商业价值高的整体建筑分区或合并出租，灵活处理功能空间。这一点对当今的建筑设计仍然具有借鉴意义。

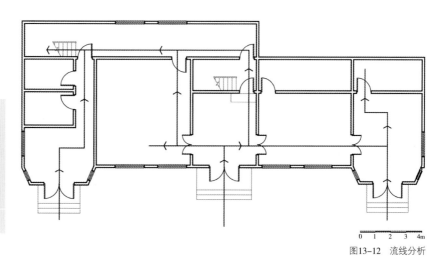

0　1　2　3　4m

图13-12　流线分析

◆ 立面马蹄状窗户与矩形窗户有序排列，凹凸有致，形象上非常具有统一性，在朴素清新中透露出雍容典雅。

图13-13 南立面图

图13-14 西立面图

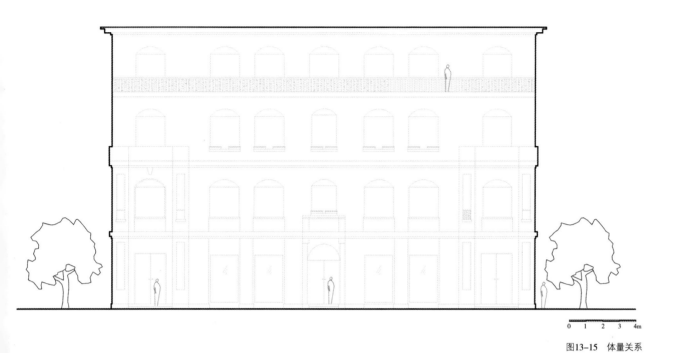

图13-15　体量关系

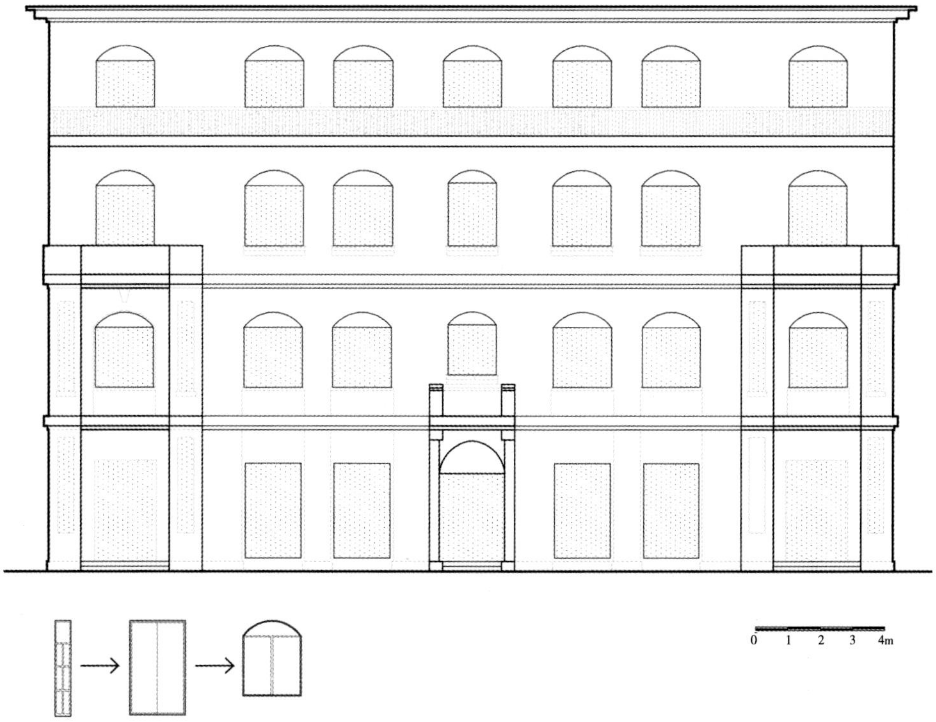

13

图13-16　重复与变化

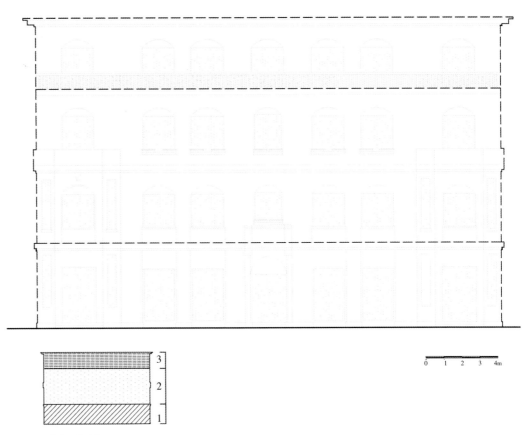

图13-17 纵向三段式构图

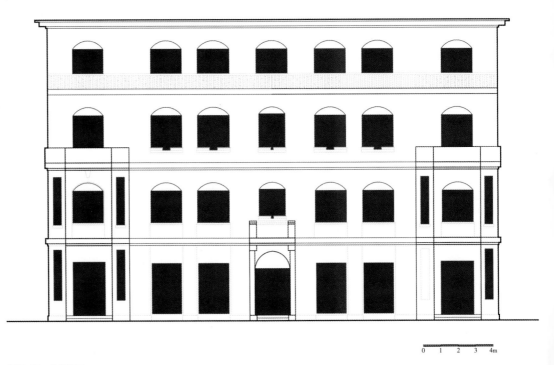

图13-18 立面凹凸

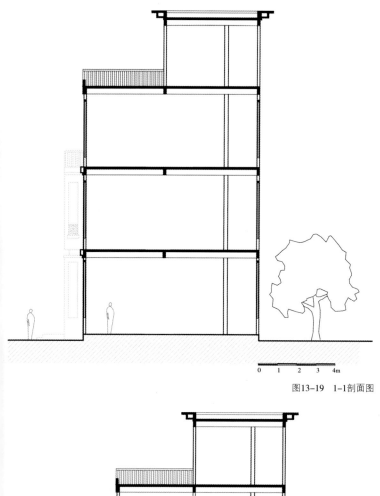

图13-19　1-1剖面图

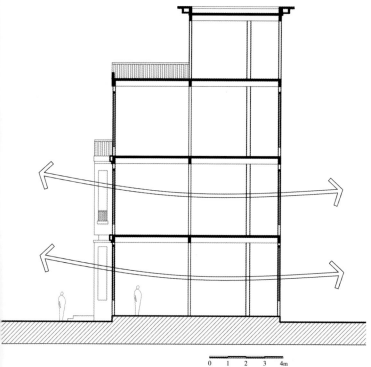

图13-20　通风分析

142

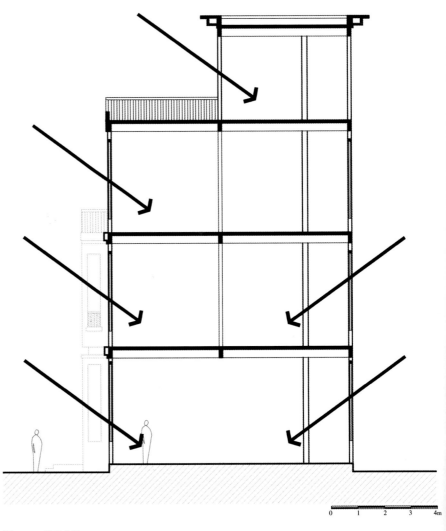

图13-21 采光分析

0　1　2　3　4m

14

第十四章 刘佐龙官邸

刘佐龙官邸位于武汉市武昌区胭脂路三道街118号，1920年建成，两层砖木结构，建筑面积约797m²，依山而建，南北朝向。平面布局采用院落式，立面为三段式构图。

第一节　历史沿革

刘佐龙官邸历史沿革

时　间	事　件
1920年	建成刘佐龙官邸，两层砖木结构，设计施工者不详。
时间不详	因城市建设刘佐龙官邸被拆除。

第二节　建筑概览

刘佐龙(1874—1936年)，多祥（现属天门）人。自幼读书，后弃文习武，投湖北新军，取名"佐龙"。刘佐龙系大革命时期国民革命军第十五军军长。

刘佐龙官邸平面布局采用院落式，分为前堂、后寝、侧偏房三大部分。前后布置的2栋西式单体（前堂+后寝）用2层连廊连接，形成院落。无积涝之忧，冬暖夏凉。立面为三段式构图：上部为巴洛克式牌面，装饰简洁，不失大气；中段为第二层外廊，柱式、栏杆雕刻精美；下部为入口门廊，开敞大气。室内装修沿用仿西式，结合传统木雕工艺，室外柱式采用了莲花纹饰。刘佐龙官邸曾被武汉市人民政府列为武汉市一级历史文化建筑，遗憾的是因城市建设发展，现在刘佐龙官邸已经被拆除。

第三节　技术图则

依据建筑实测图纸，部分辅以三维建模，用技术图则方式解析刘佐龙官邸建筑的环境布局及立面构成。刘佐龙官邸技术图则详见图14-1至图14-8。

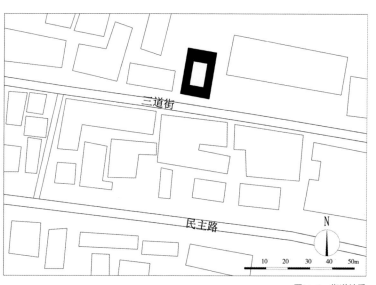

图14-1　街道关系

◆ 图14-2~图14-4： 整体建筑风格为巴洛克式，装饰简洁，不失大气，柱式、栏杆雕刻精美，采用了莲花纹饰。立面为标准的三段式构图，上部为巴洛克式牌面，中段为第二层外廊，下部为入口门廊，整体建筑比例和谐、开敞大气。

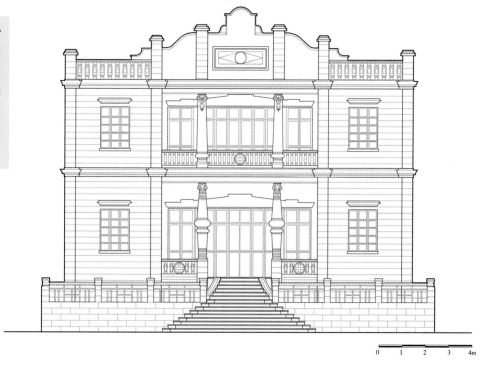

图14-2　南立面图

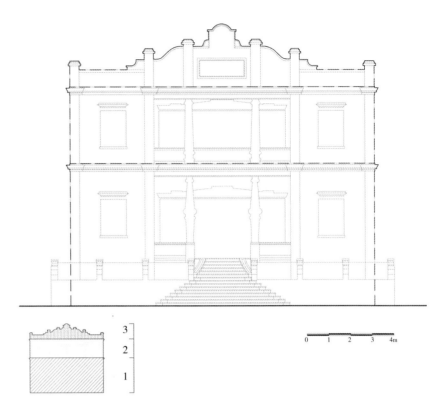

图14-3　纵向三段式构图

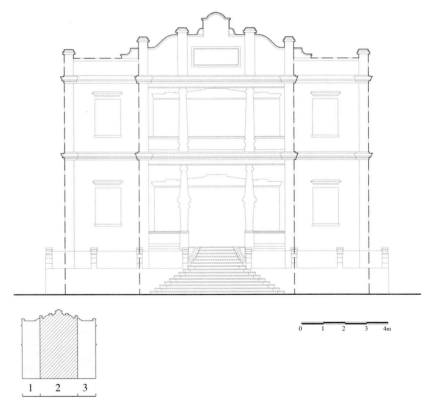

图14-4　横向三段式构图

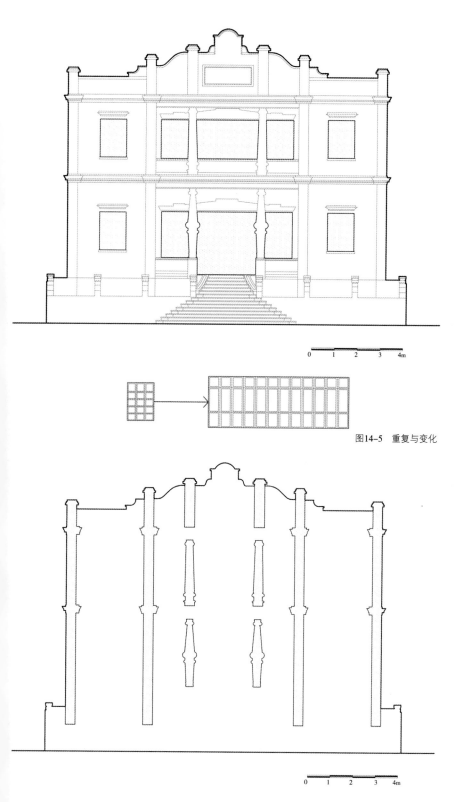

图14-5　重复与变化

图14-6　韵律

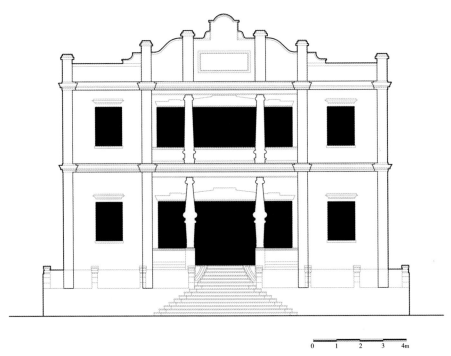

图14-7 立面凹凸

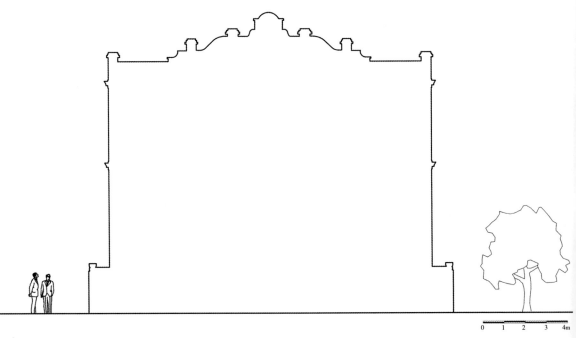

图14-8 体量关系

15

第十五章 杨森公馆

汉口杨森公馆位于汉口惠济路39号，建于1927年，砖混结构，地上三层，地下一层，地下室半露，设计施工者不详。馆舍四周以前还建有56200m²的花园，花园建成于1928年。

第一节　历史沿革

杨森公馆历史沿革

时　间	事　件
1927年	杨森公馆建成，设计施工者不详。
1928年	在怡和村以北的一大片泥沼地上，四川军阀杨森大兴土木，筑起了占地达5.6hm²的园林，园林中央为公馆，这就是著名的汉口杨森花园，位于当时老汉口的最北面的边缘地带。
1931年	武汉大水，花园几乎全部被毁，花草树木、亭台楼阁、假山碧池都荡然无存。只剩一幢公馆建筑残存至今，杨森花园从那时起成了一座无花的花园。
1938年10月	武汉沦陷，公馆被日军所占领，当时美军"飞虎队"曾从湖南芷江奔袭大汉口，奉命轰炸日军在汉口的高级指挥部杨森公馆。由于受到日军的飞机阻击，轰炸计划未能实现。杨森公馆也因此幸免于难。
1949年	武汉解放后，杨森公馆被中南军区接收，后由武汉市政府接管。
现今	汉口杨森公馆作为武汉市老干局办公楼使用。

第二节　建筑概览

杨森（1884—1977年），字子惠，原名淑泽，他是中国近代史上曾经赫赫有名的四川军阀，国民党的高级将领。一生历经辛亥革命、护国战争、军阀混战以及抗日战争等历史时期。

杨森喜欢在中国各地建造公馆别墅，汉口杨森公馆则是其中之一。当时汉口杨森公馆馆舍四周的花园花草丛生、亭台楼阁遍布各个角落。在这里，西式的砖石建筑与中式园林完美融合，相互映衬，独具魅力。

杨森公馆整体建筑平面呈等腰直角三角形，面朝西南，背朝东北，如飞鸟展翅一般。主入口开在直角的角尖上，房间分布在直角边的两侧。主入口大门由一个四方形的回廊组成，两边建有带屋顶的缓坡车道。门廊的支撑为水泥圆柱，门廊的上方为圆柱围着的露台。建筑立面外墙用凸凹不平的水泥拉毛，色调为浅灰色。门窗多为方形，涂着黄褐色的油漆，清新且温暖。窗户与门的边框旁都有雕饰，十分精美。穿过门廊，走上6级台阶，进入大门，迎面是一个八角形门厅，头顶天花板上雕刻着精巧别致的几何花纹。公馆内部全为拼镶木块地板，古韵十足。从门厅进入楼梯间，左边有一条走廊通向室内房间，右边的门则通向会客厅。木地板在岁月的侵蚀下已经失去了当年的光泽。沿着木质的旋转楼梯而上，每层的楼梯过道都十分宽敞，过道铺设褐色的木地板，过道栏杆底部雕刻圆形花饰。二至四楼的正面和侧面皆为精致而舒适的透空阳台。

杨森公馆建筑照片详见图15-1至图15-7。

图15-1　杨森公馆透视实景图

图15-2　杨森公馆东立面实景图

图15-3　入口门廊

图15-4 入口台阶

图15-5 内景图

图15-6 室内楼梯

图15-7 栏杆细部

第三节　技术图则

依据建筑实测图纸，部分辅以三维建模，用技术图则方式解析杨森公馆建筑的环境布局、平面布置、功能流线、围护结构、采光及通风等规划建筑诸元素。杨森公馆技术图则详见图15-8至图15-16。

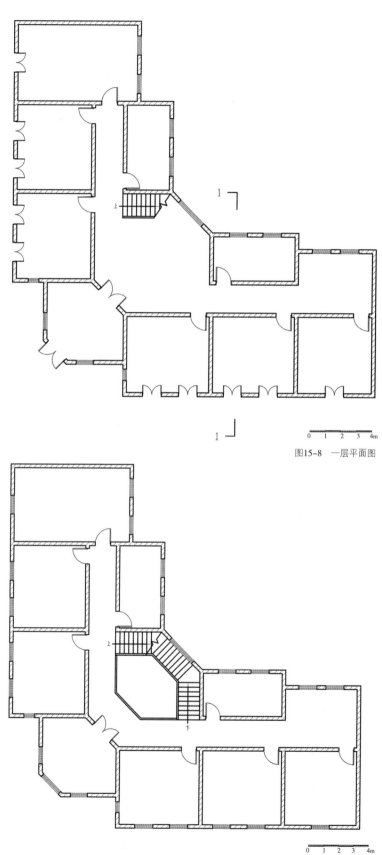

0 1 2 3 4m

图15-8　一层平面图

0 1 2 3 4m

图15-9　二层平面图

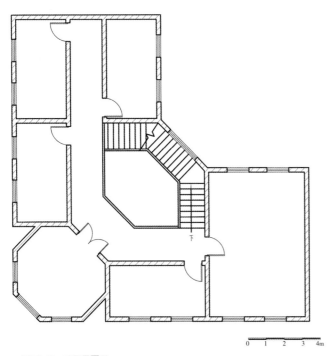

0 1 2 3 4m

图15-10 三层平面图

154

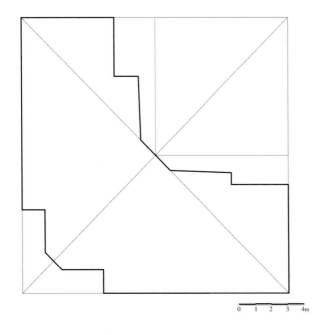

0 1 2 3 4m

图15-11 平面几何关系

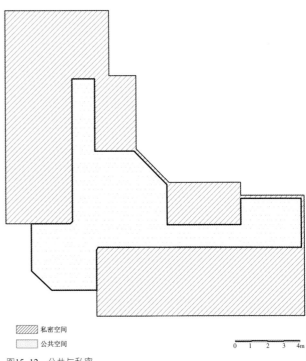

私密空间
公共空间

0 1 2 3 4m

图15-12 公共与私密

◆　建筑屋顶设置气屋、老虎窗以利于形成室内吹拔效应，通风散热。同时其区别于传统方形窗户的开窗形式，打破单一的立面形式，丰富了建筑的整体造型。对现今的建筑设计仍然具有很大的学习借鉴意义。

0　1　2　3　4m

图15-13　东立面图

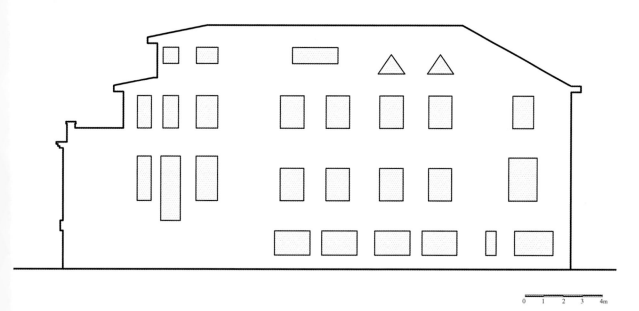

0　1　2　3　4m

图15-14　韵律

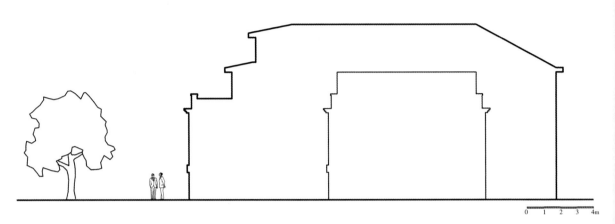

图15-15 体量关系

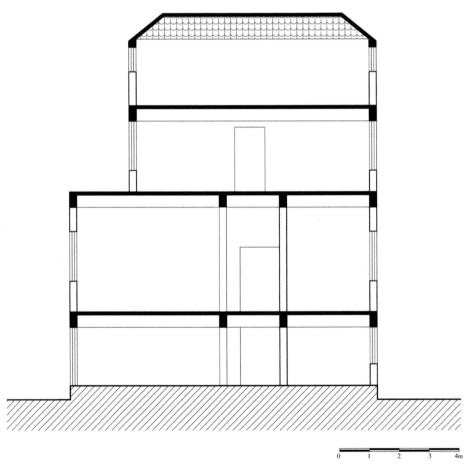

武汉
近代公馆·别墅·故居建筑

图15-16 1-1剖面图

16

第十六章 叶蓬公馆

叶蓬公馆位于汉口青岛路15号，建于1932年，施工与设计者皆不详。整栋建筑属仿西班牙建筑风格，砖混结构，外立面全部为清水红砖饰面，楼板与柱头等为白色粉饰，红白相间，对比分明。2012年11月23日，叶蓬公馆被武汉市人民政府公布为优秀历史建筑。

第一节 历史沿革

叶蓬公馆历史沿革

时 间	事 件
1932年	汉口青岛路叶蓬公馆建成，为仿西班牙风格建筑，施工者不详，设计者不详。
1944年12月	青岛路鄱阳街拐角处、景明大楼正对面的叶蓬公馆遭到美军飞机对汉口的报复性大轰炸，建筑大面积毁坏。
1944—1955年	叶蓬入住汉口岳飞街圣德里4号。当时的圣德里叶蓬公馆，雇有中西厨师4人、女工8人，另外还有2个保镖。
2012年11月23日	青岛路叶蓬公馆被武汉市人民政府公布为优秀历史建筑。现今被用于办公。

第二节 建筑概览

叶蓬（1896—1947年），武汉市黄陂区南丰菏山下叶家湾人，民国时期曾任陆军师长、湖北省长、参谋总长、陆军部长等职。他平生建造的公馆建筑比较多，其中保存较完好的有汉口叶蓬公馆。

汉口叶蓬公馆曾在1944年抗日战争时期被飞机炸弹炸毁(之后予以修复)，现由武汉市房地产管理局加建两层变为四层。整栋建筑属仿西班牙建筑风格，砖混结构，叶蓬公馆外立面全部为清水红砖饰面，楼板与柱头等为白色粉饰，红白相间，对比分明，搭配和谐。整个建筑平面呈长方形，其中一角被设计成了弧形的倒角。这样的平面设计虽不严格对称，但更符合居住建筑的亲切之感。一层建筑主入口边有一圈外廊，外廊的方柱间为拱券型的洞口，拱形洞口有大有小，形成一种生动的律动感。入口处有突出的门楼，门楼顶部为阳台，廊道的上方为两层的外廊走道，栏杆为镂空铁质。门窗与墙面的颜色和谐统一，多为方形，外涂深红油漆。大门的左侧为通往二层的楼梯间，建筑内部的木质地板保存较完好，整栋楼生活设施齐全，装饰豪华。

现在叶蓬公馆被改建为办公楼，室内墙面也被粉刷一新。2012年11月23日，叶蓬公馆被武汉市人民政府公布为优秀历史建筑。

叶蓬公馆建筑照片详见图16-1至图16-7。

图16-1　叶蓬公馆透视图

图16-2　南立面实景图

图16-3　入口台阶

图16-4　一层平面骑楼

图16-5　二层连廊

图16-6　二层室内走廊

图16-7　二层室内楼梯

◆　图16-8~图16-11：（1）考虑居住建筑的特征，建筑主入口置于南面，布置花园庭院，南立面各层皆设置走廊和阳台。（2）北面考虑临街的因素，建筑外立面设计简洁素雅，与南立面形成鲜明对比。这些对现今城市临街建筑的立面公建化设计要求具有借鉴意义。

第三节　技术图则

　　依据建筑实测图纸，部分辅以三维建模，用技术图则方式解析叶蓬公馆建筑的环境布局、平面布置、功能流线、围护结构、采光及通风等规划建筑诸元素。叶蓬公馆技术图则详见图16-8至图16-23。

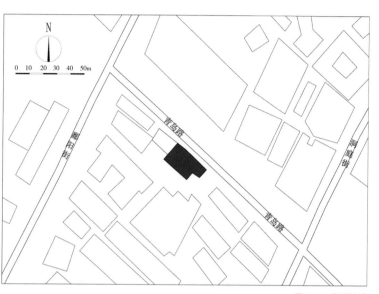

图16-8　街道关系

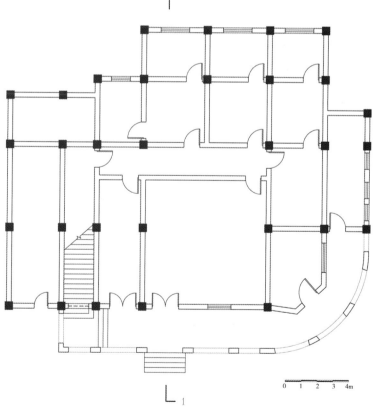

图16-9　一层平面图

162

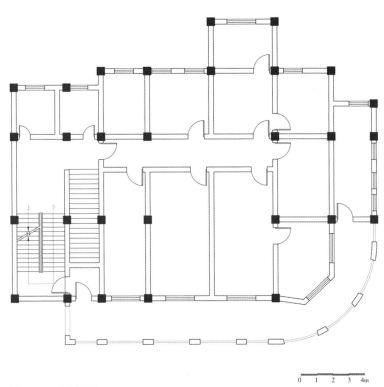

图16-10 二层平面图

0 1 2 3 4m

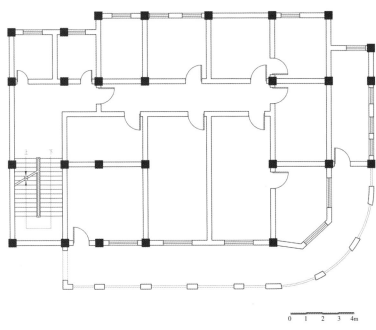

图16-11 三层平面图

0 1 2 3 4m

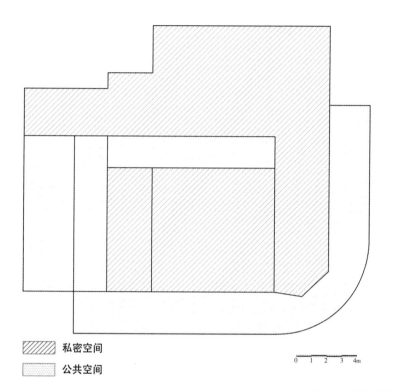

私密空间

公共空间

0 1 2 3 4m

图16-12 公共与私密

0 1 2 3 4m

图16-13 南立面图

图16-14　东立面图

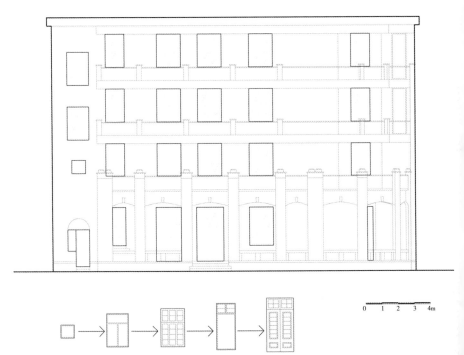

图16-15　重复与变化

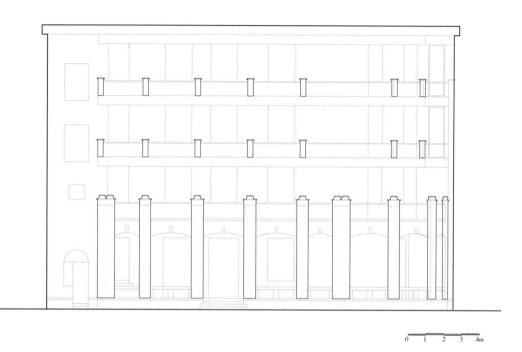

图16-16　韵律

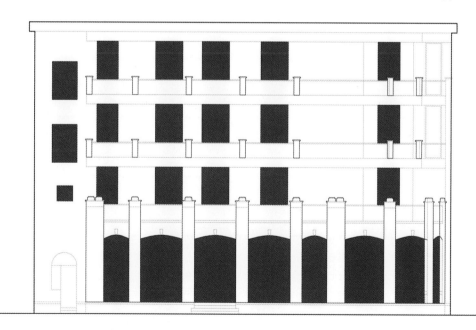

图16-17　立面凹凸

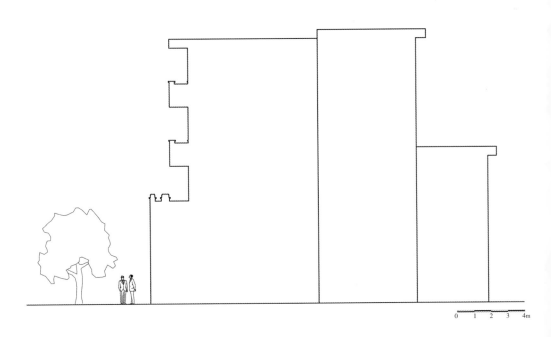

图16-18　体量关系

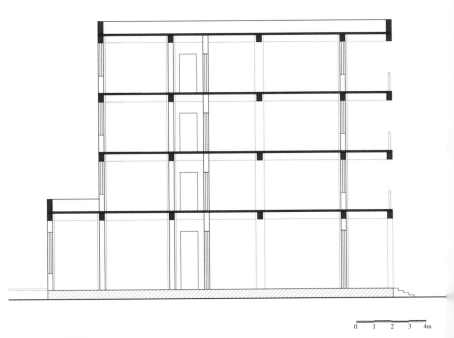

图16-19　1-1剖面图

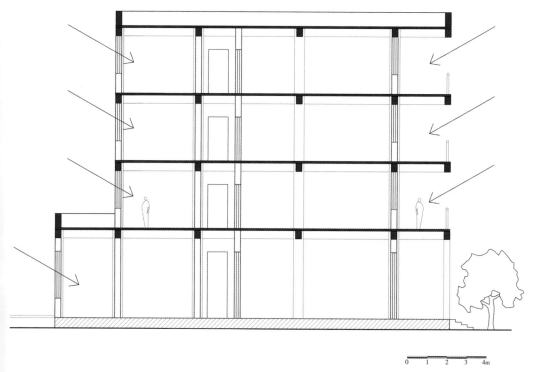

图16-20 采光分析

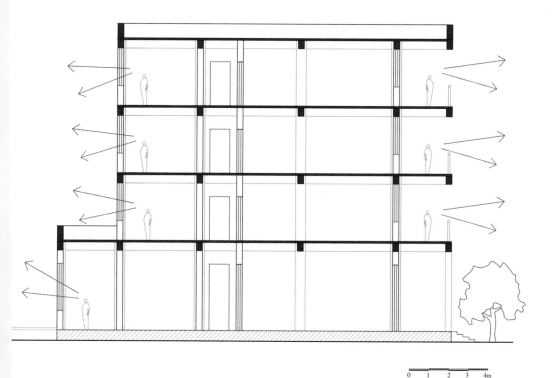

图16-21 视线分析

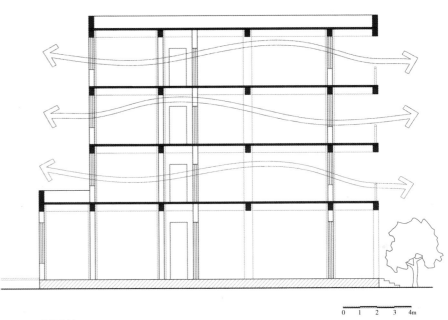

图16-22 通风分析

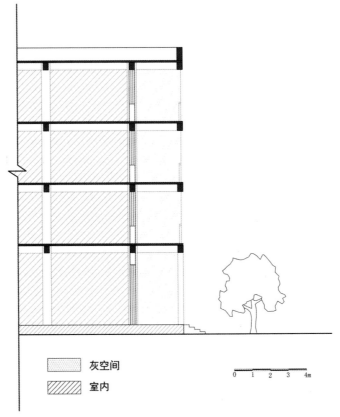

图16-23 灰空间

17

第十七章

第十七章 徐源泉别墅

徐源泉别墅位于今武昌区昙华林街，建筑建于1945—1946年间，共两层，属于仿西式古典风格住宅建筑。建筑坐北朝南，平面呈"凹"形，中轴对称。

第一节 历史沿革

徐源泉别墅历史沿革

时 间	事 件
1945—1946年	1945年抗战胜利后，徐源泉回到武汉，彻底退出军界，从事修理、办厂等实业，并在武昌区昙华林街修建别墅。
现今	处于闲置荒废状态。

第二节 建筑概览

徐源泉（1886—1960年），出生于湖北黄冈仓埠镇（今属武汉新洲区），辛亥首义学生军长，参加过阳夏保卫战，抗日战争时期参加过南京保卫战、武汉会战等重要战役，国民党高级将领。

徐源泉别墅建筑平面呈"凹"形，中轴对称，主入口放在向南的凹处，门口有爱奥尼式门廊，廊顶为二楼阳台。两边凸出部分为八边形，每边设有窗户。建筑南立面为水刷石墙面，用横向凹缝处理，与窗洞形成虚实对比，庄重气派但又和谐生动。东、西立面为红砖墙面，一层是窗户，二层是阳台，对比鲜明。檐口上设有栏杆式女儿墙，屋顶为大露台，室内楼梯可登屋顶。别墅虽然年久失修，但其往日风采仍依稀可见。

如今的徐源泉别墅已经处于闲置荒废状态，一层门窗及门廊柱子局部有损毁，前面的庭院作为一个雕塑工作室堆放雕塑作品的场地。

徐源泉别墅建筑照片详见图17-1至图17-5。

图17-1　徐源泉别墅透视实景图

图17-2　南立面实景图

图17-4　柱头细部

图17-3　东立面实景图

图17-5　阳台细部

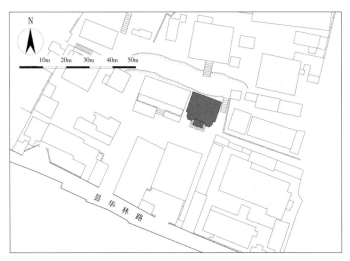

图17-6　街道关系

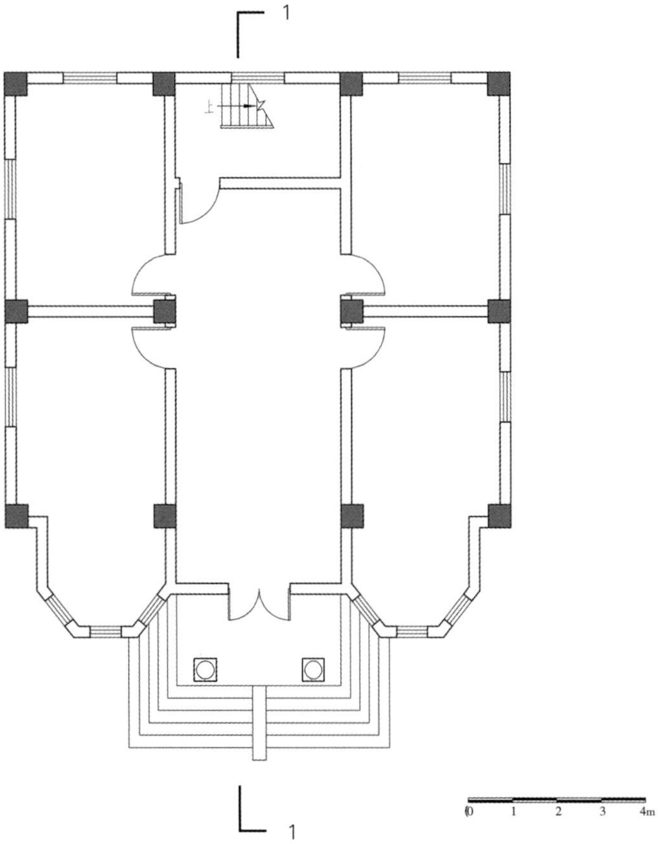

第三节　技术图则

　　依据建筑实测图纸，部分辅以三维建模，用技术图则方式解析徐源泉别墅建筑的环境布局、平面布置、功能流线、围护结构、采光及通风等规划建筑诸元素。徐源泉别墅技术图则详见图17-6至图17-19。

图17-7　一层平面图

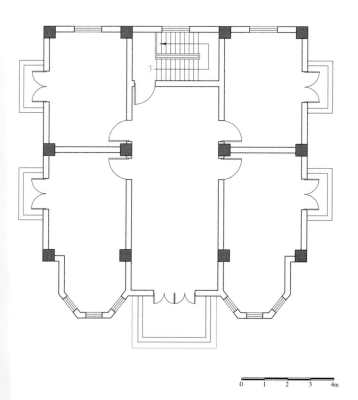

0 1 2 3 4m

图17-8 二层平面图

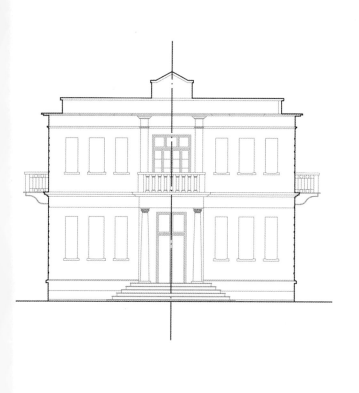

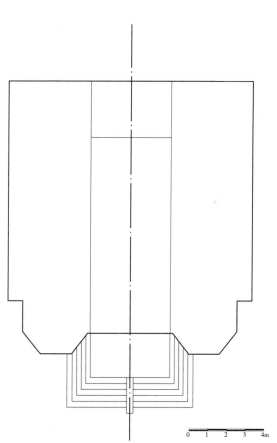

0 1 2 3 4m

图17-9 对称与均衡

◆ 建筑尝试将古典主义与中国传统建筑相结合：（1）传统中轴对称，建筑原为硬山顶，穿斗式构架，栏杆、隔扇均刻精工浮雕。（2）主入口门廊，仿爱奥尼柱式，门额皆有雕饰，两边八边形凸窗，立面大块石材。建筑整体虚实对比，庄重气派又不失和谐生动，设计手法值得借鉴。

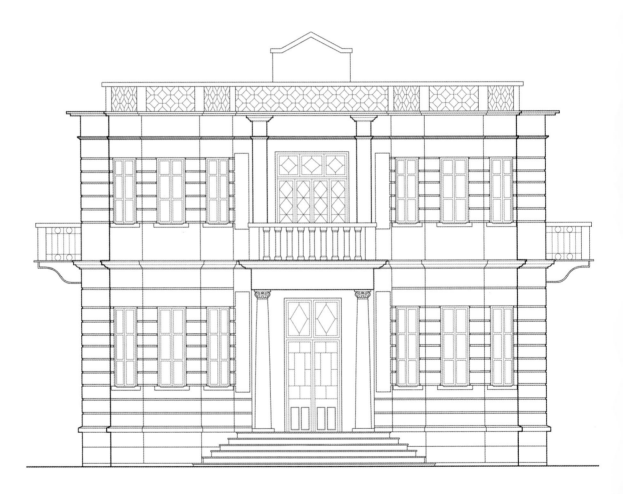

0　　1　　2　　3　　4m

图17-10　南立面图

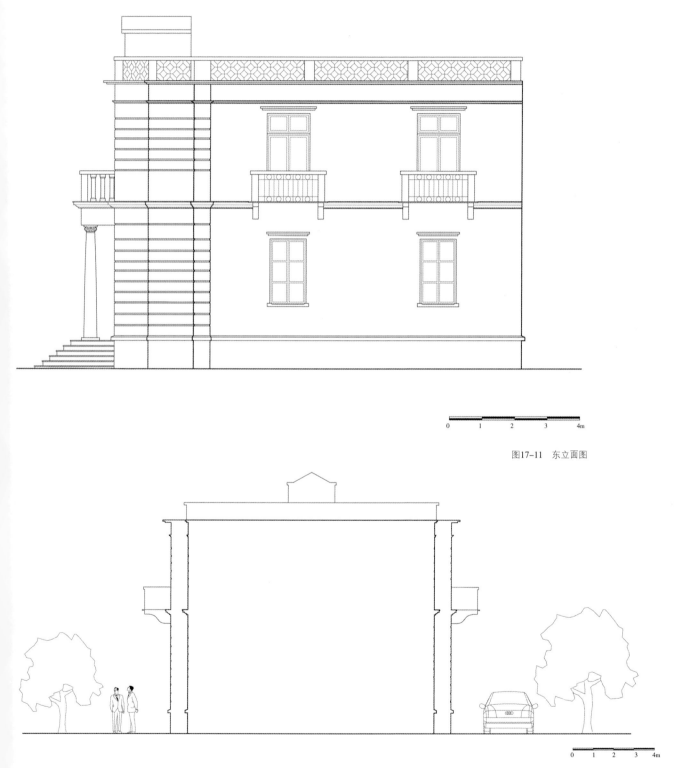

图17-11　东立面图

图17-12　体量关系

176

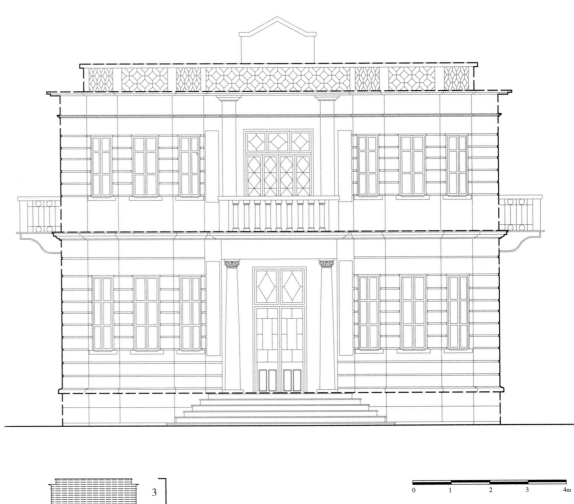

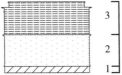

图17-13 纵向三段式构图

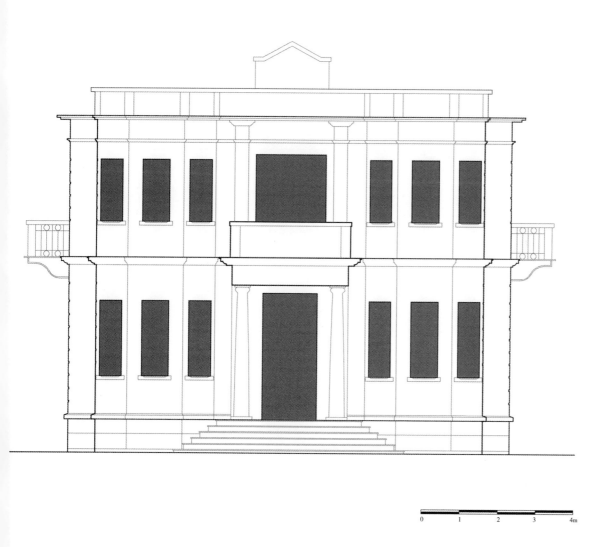

0 1 2 3 4m

图17-14 立面凸凹

178

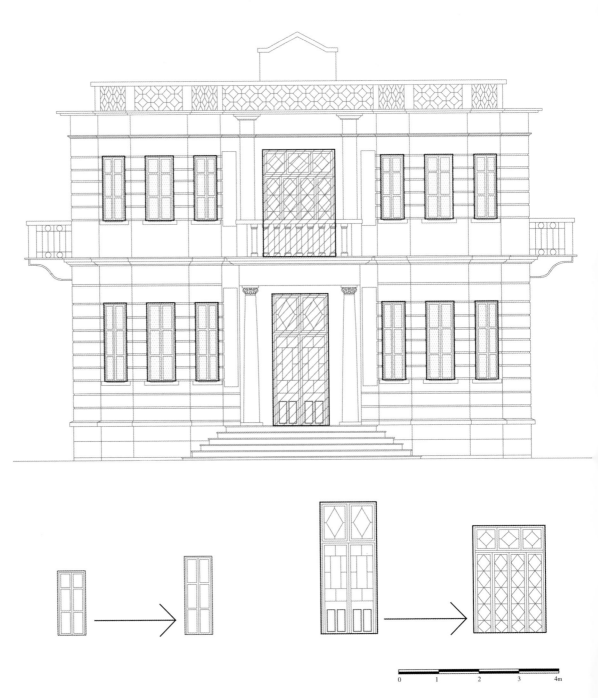

图17-15 重复与变化

179

图17-16　1-1剖面图

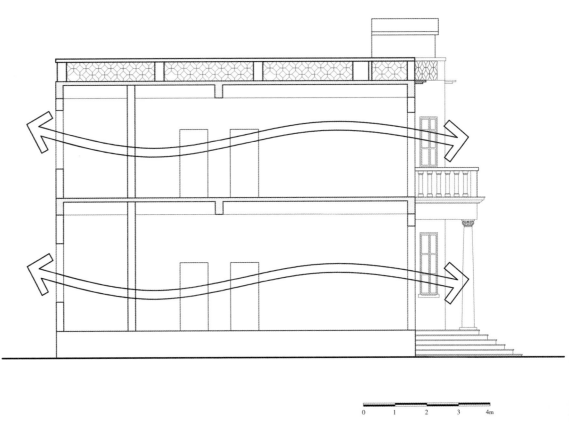

图17-17 通风分析

0　1　2　3　4m

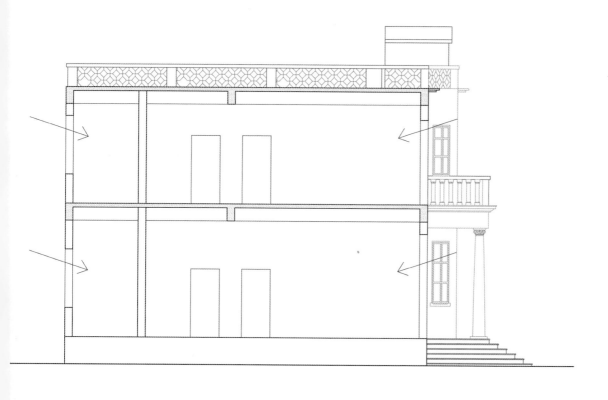

0　　　1　　　2　　　3　　　4m

图17-18　采光分析

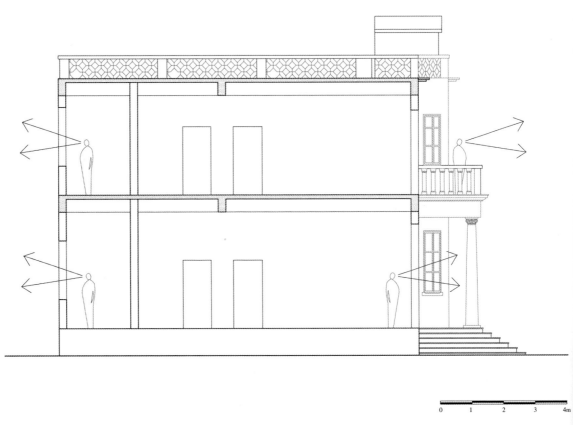

图17-19　视线分析

18

第十八章 周苍柏公馆

周苍柏公馆于1920年建成，汉昌济营造厂施工，设计者不详。公馆位于汉口江岸区黄陂路5号，两层砖混结构，属文艺复兴式建筑。

第一节 历史沿革

周苍柏公馆历史沿革

时　间	事　件
1919年	周苍柏回到汉口。
1920年	周苍柏公馆竣工。
1938年	武汉被日军侵占，周苍柏被迫迁居重庆。
1940年	周苍柏回到武汉居住。
1970年	周苍柏逝世。

第二节 建筑概览

周苍柏，湖北武汉人，出生于1888年。曾任汉口上海银行经理，湖北省银行总经理，重庆华中化工厂、汉中制革厂董事长，近代中国著名的爱国实业家。

周苍柏公馆在空间布局上采用西式庭院包围建筑的方法，将居住、餐厨、盥洗、读书等功能集中布置于一栋建筑之中。主入口放在左侧，正对院门，形成透景。门上有圆拱形雨篷，上雕精致花饰。另外，窗上均有精美的窗楣。建筑立面为红砖清水墙，在雨篷、窗楣及阳台线等地方有点缀性的装饰细部。局部后来经过修缮，雨篷、窗楣及其他装饰细部用白水泥色浆粉，灰白分明，建筑风貌被恰如其分地勾画出来。庭院为开放的花园，其中种植花草树木，表现外向、个性与立体的空间形态。古树花木簇拥着庭院，整栋建筑掩映于绿荫丛中，别有一番情趣。红瓦坡屋顶，屋顶随平面布局变化丰富，错落有序，极具特色。整个建

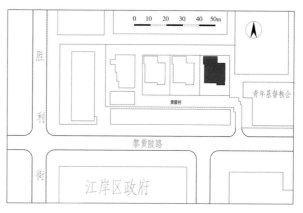

图18-1　街道关系

筑平面为不规则矩形，四面不对称却又显得那么均衡和谐。和那些身处闹市的华丽公园不同的是，周公馆依然在局部上保留有传统风格。一楼和二楼的红色坡面屋顶犹如传统的重檐结构，让房屋整体显现出稳重大气的气质，而门斗窗扇又都是典型的文艺复兴风格。房顶陡峭，墙体厚实，外立面是砂浆喷射拉毛做法，从建成到如今依然保存完好。

第三节　技术图则

依据建筑实测图纸，部分辅以三维建模，用技术图则方式解析周苍柏公馆建筑的环境布局、平面布置、功能流线、围护结构、采光及通风等规划建筑诸元素。周苍柏公馆技术图则详见图18-1至图18-7。

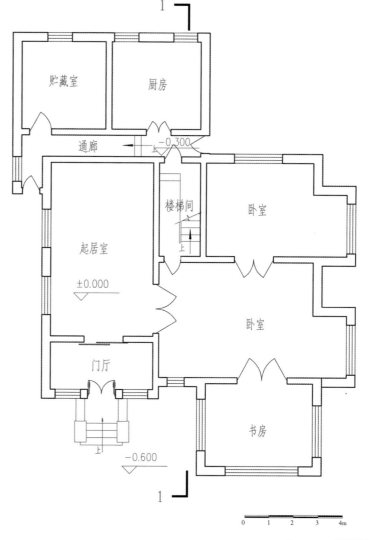

图18-2　一层平面图

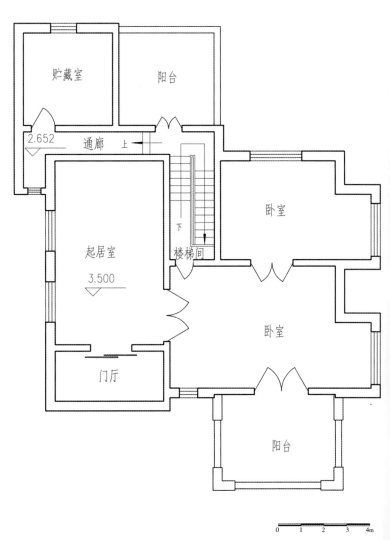

贮藏室

阳台

2.652

通廊 上

起居室

卧室

3.500

楼梯间

下

卧室

门厅

阳台

0 1 2 3 4m

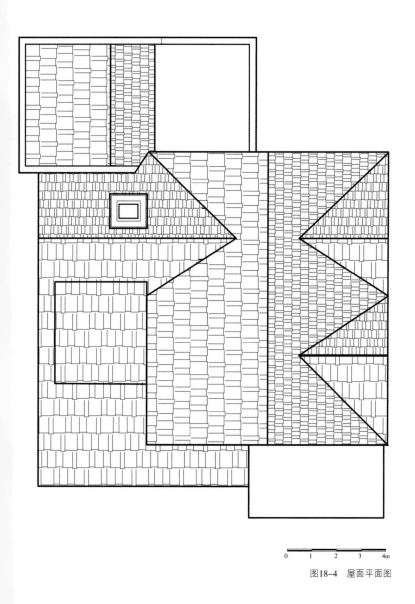

图18-4　屋面平面图

0　　1　　2　　3　　4m

图18-5　南立面图

图18-6　东立面图

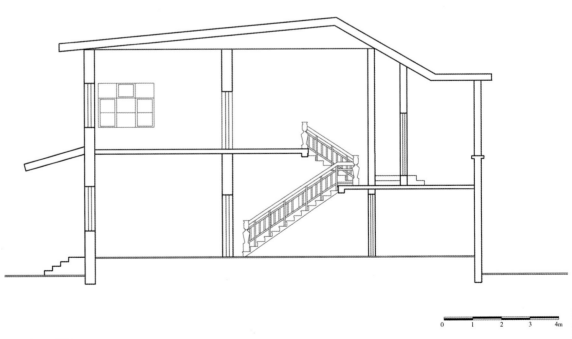

0 1 2 3 4m

图18-7 1-1剖面图

附录：武汉近代公馆·别墅·故居类建筑表格

图例	名称	地点	说明	年代
	石瑛旧居	武昌昙花林三义村	建于20世纪20年代末，石瑛旧居是一幢石库门式的两层楼房。外墙由红砖砌筑而成，门廊由麻石砌筑而成，在小楼内部带有一个小庭院，楼外有院墙。	民国
	晏道刚旧居	武昌高家巷17号	晏道刚旧居建于1932年，建筑为两层砖混结构，立面青砖灰瓦，屋顶仿歇山样式，整体古朴而赋有质感。用院墙将其与周围建筑隔开，建筑平面坐北朝南，冬暖夏凉，光线充足。	民国
	刘公公馆	昙华林32号	建于1900年，坐南朝北，青砖清水墙，是一栋两层砖木结构的法国乡村别墅式建筑。其正厅门廊采用了科林斯立柱支撑的阳台，强调了正立面中部的高耸山花雕刻，前庭和后院均设有空中观景走廊。	清朝
	鲁兹故居	汉口鄱阳街34号	建成于1913年，建筑坐东南朝西北，主入口朝西面向主干道。其风格为折衷主义与新古典主义的结合。总体简洁，很少装饰，但也不乏严谨处理的柱式，窗户的花饰处理、壁炉的设计都体现了细部构造的精致。	民国

图例	名称	地点	说明	年代
	毛泽东旧居	武昌都府堤路41号	旧居平面呈长方形。坐东朝西，青砖砌筑，两侧建有风火山墙，整体建筑是木架构、青瓦平房，三进三天井，砖铺地坪，是中国传统建筑的典范。	民国
	刘少奇故居	汉口友益街尚德里2号	建筑建于20世纪20年代，里弄式两层楼民房，建筑中轴对称，坐北朝南，面积约120m²，砖木结构，主要墙体为红色，墙体面砖有花纹，门窗为硬木拼装，大门为石框门，四合院形式；中为天井、客厅；左右各两间房，尺度宜人。	民国
	郭沫若故居	武汉大学校园内珞珈山上	建筑为三层砖混式结构，联栋别墅形式，立面材料为清水砖，第一层是佣人房和厨房，二、三层都是客厅、书房以及卧室。	民国
	钱基博故居	湖北美术学院校园内	建于1935年，两层砖木结构楼房，青砖清水墙面，折衷主义风格的美国花园别墅式住宅。	民国
	詹天佑故居	江岸区洞庭街51号	建筑建于1912年，两层砖木结构，为普通的清末民初民居式样。建筑占地面积782m²，建筑面积920m²，前庭后院式布局。建筑外面有院墙，从院墙进入到庭院，隔离了街道的喧闹，使之成为一个闹中取静的典型独立式庭院住宅。	民国

图例	名称	地点	说明	年代
	冯玉祥故居	武昌千家街8号大院	于1926年建成，故居为西式洋房，坐北朝南，两层砖木结构，青砖红瓦，建筑面积1338m²，建筑平面为三面围合院落式布局，主入口位于正中间，门前形成一个半开敞的院落。现作为武汉市化学工业研究所有限责任公司办公楼。	民国
	李凡诺夫公馆	汉口洞庭街88号	建成于1902年，属斯拉夫别墅式住宅建筑，典型俄罗斯民居特色，外墙为清水红砖，三层砖木结构，面积约670m²，内部装饰采用了丰富的俄罗斯民间处理手法。	清朝
	唐生智公馆	汉口胜利街183号	建成于1903年，属新古典主义风格，建筑面积大约800m²，立面中轴对称，屋顶左右两边各有一座罗马式穹顶塔楼，十分独特。建筑平面规矩方正，主楼三层，廊檐以4根粗壮的罗马立柱支撑，门框和窗框都为四方直角式。	清朝
	肖耀南公馆	汉口中山大道913号	建于1925年，建筑为砖木结构，形体方正，坡屋顶以红瓦覆面。外墙涂层原来为深灰色、白色相间，后经修葺后立面颜色改为红褐色。沿街立面有拱券门窗，门框及窗框均为朱红油漆，屋檐与墙面交接处用水泥塑成凸形花饰。公馆正面设有券廊，两侧突出的耳房和多边形转角，使之颇具欧式建筑的典雅之感。	民国
	刘佐龙官邸	武昌区胭脂路三道街118号	1920年建成，两层砖木结构，建筑面积约797m²，依山而建，南北朝向。平面布局采用院落式，分为前堂、后寝、侧偏房三大部分。前后布置的两栋西式单体（前堂+后寝）用两层连廊连接，形成院落。	民国

194

图例	名称	地点	说明	年代
	杨森公馆	惠济路39号	建于1927年，砖混结构，地上三层，地下一层，地下室半露，整体建筑平面呈等腰直角三角形，面朝西南，背朝东北。主入口开在直角的角尖上，房间分布在直角边的两侧。主入口大门由一个四方形的回廊组成，两边建有带屋顶的缓坡车道。门廊的支撑为水泥圆柱，门廊的上方为圆柱围着的露台。	民国
	叶蓬公馆	汉口青岛路15号	建于1932年，建筑曾在1944年抗日战争时期被飞机炸弹炸毁(之后予以修复)，现由武汉市房地产管理局加建两层变为四层。整栋建筑属仿西班牙建筑风格，砖混结构。叶蓬公馆外立面全部为清水红砖饰面，楼板与柱头等为白色粉饰，红白相间，对比分明，搭配和谐。	民国
	徐源泉别墅	武昌昙华林中华360行群雕工作室院内	徐源泉别墅建于1945—1946年间，共两层，属于仿西式古典风格住宅建筑。建筑平面呈"凹"形中轴对称，主入口有爱奥尼式门廊，两边凸出部分为八边形，每边设有窗户。	民国
	周苍柏公馆	江岸区黄陂路5号	建于1920年，两层砖混结构，在空间布局上采用西式庭院包围建筑的方法，将居住、餐厨、盥洗、读书等功能集中布置于一栋建筑之中。整个建筑平面为不规则矩形，四面不对称却又显得那么均衡和谐。	民国

参考文献

1. 湖北省地方志编纂委员会. 湖北通志：大事件［M］. 武汉：湖北人民出版社，1994.

2. 李百浩. 湖北近代建筑［M］. 北京：中国建筑工业出版社，2005.

3. 武汉地方志编纂委员会. 武汉市志：社会志［M］. 武汉：武汉大学出版社，1997.

4. 陈李波. 城市美学四题［M］. 北京：中国电力出版社，2009.

5. 不该忽视城市的文化价值——郑时龄访谈. 建筑时报，2003，12.

6. 常青. 建筑遗产的生存策略［M］. 上海：同济大学出版社，2003.

7. 常青. 历史环境的再生之道［M］. 上海：同济大学出版社，2009.

8. 陈志钢. 有关建筑细部［D］. 北京建筑工程学院,1998，3.

9. 涂勇. 武汉历史建筑要览［M］. 武汉：湖北人民出版社，2002.

10. 秦红岭. 论名人故居的文化价值与保护原则［J］. 华中建筑，2011，7.

11. 张凡. 城市发展中的历史文化保护对策［M］. 南京：东南大学出版社，2006.

12. 周卫. 历史建筑保护与再利用［M］. 北京：中国建筑工业出版社，2009.

13. 读图时代. 中国名人故居游学馆［M］. 北京：中国画报出版社，2005.

14. 武汉市地名委员会. 武汉地名志［M］. 武汉：武汉出版社，1990.

15. 李传义，张复合. 中国近代建筑总览：武汉篇［M］. 北京：中国建筑工业出版社，1998.

16. 胡榴明. 三镇风情：武汉百年建筑经典［M］. 北京：中国建筑工业出版社，2001.

2015年湖北省社科基金一般项目，编号：2015119